In Search of Dark Matter

암흑물질

원지자 : Ken Freeman & Geoff McNamara

역자 : 민건

목 차

Chapter 01 **은하들의 무게를 재는 법 / 1**

Chapter 02 **잘못된 여명 / 15**

Chapter 03 안 보이는 것을 보는 것 / 27

Chapter 04 어두운 공룐(halo) / 45

Chapter 05 우리는 포위 되어 있다 / 65

Chapter 06 빅뱅의 조각들 / 79

Chapter 07 우주의 환상들 / 93

Chapter

08 바리온 일람표 / 111

Chapter

09 MACHO 천문학 / 123

Chapter 10 물질은 무엇일 수 있는가? / 139

Chapter 11 기묘한 것 탐색 : 뉴트리노 / 155

Chapter 12 기묘한 것들 탐사 : WIMP와 Axion / 163

Chapter

13 시작에 즈음하여... / 175

Chapter

14 오메가를 향하여 / 185

저자 서문

과학 선생님들은 원소 주기율표가 우주가 무엇으로 구성되어 있는 지를 보여주고 있다고 학생들에게 말하고 있지만, 그것은 사실이 아니다. 현재 우리는 우주의 대부분이 - 우주의 약 96% - 간단히 묘사되는 것을 거부하며, 확실히 멘델레프 주기율표에 의하여 나타낼 수 없는 암흑물질로 구성되어 있다는 것을 알고 있다. 이 보이지 않는 '암흑물질'이 이 책의 주제이다. 이 암흑물질의 특성이 일상의 생활과 크게 관련이 없다는 것은 사실이지만, 그것은 실질적으로 주된 흐름의 과학 교육과정에 포함되어져야 한다. 과학은 진리와 우주의 특성에 관한 것이어야 할 의무가 있다. 그러나 우리는 여전히 우리의 아이들에게 우주는 대략 백여 종류의 원소로 만들어지고 더 이상은 없다고 가르치고 있다.

암흑물질은 우리 인간이 우주에서 필수 불가결한 존재가 아니라는 것을 한 번 더 일깨워주고 있다. 코페르니쿠스와 다른 이들이 지구가 우주의 중심이 아니라고 주장하였던 이후로, 인간은 우주의 의미심장한 것으로부터 옆으로 밀려 났었다. 먼저 우리는 태양계의 중심이 아니다. 그리고 태양도 우리 은하수의 중심에 있는 것이 아니라 은하수에 있는 수많은 다른 별들과 같다. 이 단계에 이르면 지구와 지구상의 거주자들은 폭풍속의 한 줌의 먼지와 같이 사라져 버린다. 이것은 쇼킹한 것이었다. 1930년대에 Edwin Hubble은 우리 은하수가 어마어마하게 커더라도 우리 은하수도 특별한 어떤 곳으로부터 아주 멀리 고립된 단지 '우주 섬'이라는 것을 보여 주었다. 그리고 심지어 우리의 고향 은하수도 은하들의 바다와 은하단들에서 갑자기 의미 있는 것이 아닌 것이 되었다. 현재 천문학자들은 우리가 우주의 대부분에서와 같은 동일한 재료로 만들어지지 않았다고 밝혀내었다. 우리의 행성들 - 심지어 우리의 육체 - 은 만져질 수 있고 볼 수 있는 반면에, 우주에 있는 물질의 대부분은 그러하지 않다. 우리의 우주는 암흑으로 만들어져 있다. 우리는 그런 것에 어떻게 반응해야 하는가?

지난 오십년 동안 우리가 우주를 바라보는 방식에 엄청난 변화가 있었다. 코페르니쿠스 혁명을 20세기 속으로 영속시켰던 발견들은 우주를 어떻게 함께 모아두어야 하는지에 대한 좀 더 기본적인 발견들로 이끌었다. 그러나 일반적으로 우리의 은하수와 은하들의 특성에 관한 발견과 병행해서 그것의 주제만큼 감추어진 이야기가 진행되었다. 뉴턴과 나중에 아인슈타인이 제시한 중력의 법칙들은 우리 태양계에서 새로운 세계를 - 즉 해왕성과 명왕성 - 발견하는 데에 유용한 수단이 되었었다. 이와 동일한 기술들은 - 보이지 않는 물체에 의하여 보이는 물체들에 미치는 중력효과를 찾는 것 - 천문학자들로 하여금 우리가 볼 수 있는 물질보다 훨씬 더 많은 물질이 존재한다는 것을 깨닫게 해주었다. 이 책은 이 같은 이야기를 해주고 있다. 그것은 궁극적으로 올바른 방향으로 가리키는 false trails에 관한 이야기이다; 즉 과학자들의 오만과 겸손, 호기심과 당황에 대한 이야기이다. 무엇보다도, 배워야 할 것이 얼마나 더 많은 것이 있는지 지속적으로 밝혀내주는 과학자들과 과학의 지속적 특성을 보여주는 이야기 이다.

문제는 각각의 새로운 발견이 우주에 관하여 더 많은 것을 보여주는 것이 아니라 오히려 우리가 배워야 할 것이 아직 얼마나 더 많은지 보여주는 것 같다. 그것은 어두운 동굴 속에서 어두움을 뒤로 물리기 위하여 오직 촛불하나만을 갖고서 깨어있는 어떤 사람과 같다. 그 약한 불빛은 오직 동굴의 바닥과 그 주위의 어두움만 약간 밝혀줄 뿐이다. 횃불이 발견될 때 희망은 더 증폭된다; 그러나 추가된 밝음이 동굴의 벽을 더 드러나게 해주는 것이 아니라 어두움의 양을 더 드러나게 해준다. 도대체 얼마나 멀리까지 어두움이 확장되어 있는가? 우리는 알아내어야한다. 이 책은 우리가 밤에 얼마나 멀리까지 현재 볼 수 있는지를 설명해주고 있다.

이것은 또한 과학과 과학자들에 관한 이야기가 있다. 그 기여자들 각자는 암흑물질 문제의 특별한 면들에서 전문적인 과학자들이다. 그 그룹에서 비 과학자는 Geoff McNamara 이다. 그는 선생이면서 저자이며 여러 기여자들의 이야기를 함께 모아 이야기를 만들었다. 암흑물질의 위치와 양에 관한 역사적이고 동시대적 천문학적 탐구의 대부분은 Ken Freeman에 의한 것이다. 그는 1960년 후반에 암흑물질 리바이벌 이후로 쭉 암흑물질 탐구에 오랫동안의 경력을 가지고 있다. New South Wales의 대학에 물리학부의 학장인 Warrick Couch교수는 은하들과 은하단들에 있는 암흑물질의 위치와 양을 지도로 나타내는데 도움을 주기 위하여 현재 사용되고 있는 기술로 중력렌즈화가 어떻게 진화되는 지를 보여 주었다. 암흑물질을 구성할지도 모르는 기묘한 입자들의 이야기는 단원 11, 12, 13에서 나온다. 이 단원들은 Melbourne대학의 물리학부의 Ray Volkas 교수로부터의 기술적 입력에 크게 의존하고 있고, 입자 천체물리학에 대한 그의 조언에 정말로 감사드린다. 마지막으로 오스트렐리아 국립대학의 천문학과 천체물리학부의 Charley Lineweaver박사는 암흑물질과 우주의 오랜 기간 동안의 운명에 관여하는 암흑 에너지의 함축된 관계에 대해 관여하고 있다.

시간, 공간 그리고 지금은 물질에서 볼 때, 학생들은 그들 존재의 무의미함을 알아차렸을 때에 어떻게 반응하는가? 우주의 무한함이 드러났을 때, 시간과 공간에서 상상할 수 없는 거리가 드러났을 때, 그들이 우주의 나머지 부분들과 동일한 재료로 만들어지지 않았다는 것을 깨달았을 때, 그들은 아주 왜소함과 무의미함을 느낀다. 그러나 이 단계는 곧 지나가고, 호기심이 발동한다. 천문학적인 것에 대한 이해와 매우 서로 다른 학문적 능력을 가진 학생들은 모두 동일한 한 점으로 집중한다; 즉 그들은 더 알기를 원한다. 단지 소수만이 이 과목을 전문적으로 추구할 기회를 가지지만, 이 젊은이들의 모든 심중에는 과학자들이다. 바로 이 학생들과 도처에 있는 이와 같은 마음을 지닌 독자들을 위하여 이 책은 쓰여졌다.

Kenneth Freeman, FAA, FRS, Duffield교수, 오스트렐리아 국립대학

Geoff Mc Namara, ACT

역자 서문

현대물리학이 20세기 초의 양자역학과 특수 및 일반상대성이론을 두 개의 기둥으로 삼아 발전을 거듭하여 미시세계뿐만 아니라 초거시세계로의 인간의 지성이 확장되었다. 우리는 양성자와 중성자 등이 쿼크로 이루어져 있음을 알았고 2013년에는 모든 입자에 질량을 부여하는 힉스입자도 LHC에서 발견하고 확증하였다. 우주로 나아가서는 우리 은하(은하수)뿐만 아니라 우리 우주에는 수많은 은하들이 있음을 알게 되었으며 이 은하들이 고루 분포되어 있다기보다는 서로 밀집하여 있는 경향이 있다는 것도 알게 되었다. 즉 비누 방울 거품들의 표면들에 은하들이 모여 있고, 그 비누거품의 안은 텅 빈 공동으로 되어 있는 그런 구조로 은하가 끝없이 펼쳐져 있다는 것을 알았다. 그리고 각각의 은하 중심부에는 블랙홀이 위치해있다는 것도 알았다. 그런데 이런 우주가 팽창하고 있다는 것을 알았고, 그리하여 태초에는 우주가 아주 작은 덩어리에서 대폭발(빅뱅)하며 시작하였을 것이란 이론이 나왔다. 이것은 우주 초단파배경복사의 발견으로 그 이론은 확고한 것으로 보고 있다.

그런데 은하들에서 별들의 운동과 은하단에서의 은하들의 운동이 뉴턴의 만유인력법칙과 운동법칙을 따르지 않고, 중심에서 가장자리로 나아갈수록 속도가 감소하지 않고 일정속도로 계속 유지됨을 알게 되었다. 이에 대한 설명으로 보이는 물질 외에 우리 눈에 안 보이는 물질이 은하와 은하단에 더 있을 것으로 추정하고 있으며 이것을 암흑물질이라 부르고 있다. 그리고 또한 우주가 팽창하게 하는 원동력인 에너지를 잘 모르니깐 암흑 에너지라 이름을 부쳤다.

그래서 현재 우주는 대략 보이는 물질이 4.6%, 암흑물질이 23.3%, 암흑에너지가 72.1%로 구성되어 있다는 것을 알게 되었다. 이 책은 이중에서 암흑 물질에 관한 것들을 설명해놓았다. 이 책의 원판이 2006년에 발간된 것으로 그 동안 많은 발견과 이론이 이루어 졌지만 그에 관한 것은 누락되어 있다. 차후에 그것에 관하여 증보판으로 발간하려고 한다. 이 책자가 암흑물질이란 이름이 어떻게 탄생하게 되었고, 그것이 우주에서 어떻게 작동하고 있는지 궁금해 하는 독자들에게 조그마한 도움이 되었으면 한다.

2013년 가을

역자 민 건

CHAPTER

01 은하들의 무게를 재는 법

천체들에 관하여 순수하게 관측된 사실들만 있는 것은 아니다.
천문학적 측정들은 예외 없이 지상의 관측소나 기지에서 발생하는 현상들의 측정들이다; 그것들은 외부세계에 있는 우주에 대한 지식으로 번역되는 것은 바로 이론에 의해서다.

아더 에딩턴경, 팽창하는 우주, 1933

1.1 서 론

우주는 암흑 물질에 의하여 지배되는 것 같다. 보이는 물질의 동역학 - 별들과 하늘의 운동- 을 연구함으로써, 천문학자들은 우리가 볼 수 있는 것과 다른 형태들의 물질이 있다는 것뿐만 아니라, 이 빛을 내는 물질이 실제적으로 소수이고, 어떤 경우에는 암흑물질에 비해서 1/100정도의 무게 밖에 되지 않는 것을 알게 되었다. 지배되는 것 '같다' 라고 말하는 것은 여태까지 과학적으로 아무것도 입증된 것이 없다 라는 것과 같은 과학적 신중함이다. 그럼에도 불구하고 암흑물질에 대한 증거는 압도적이다. 정교한 기술들을 사용하여, 현재 천문학자들은 우주의 변화무쌍한 현상들을 연구할 수 있으며, 매우 희미한 물체들의 아주 미세한 움직임들도 관측할 수 있게 되었다. 시간은 상례적으로 미세하게 쪼갠 초에서부터 바로 우주의 나이의 규모로까지 측정된다. 보이는 우주는 이제 전자기파의 전 영역의 스펙트럼을 이용하여 연구되고 있다. 그리고 모든 경우의 암흑물질에 대한 증거가 드러나고 있다. 특별히 암흑 물질이 그렇게 방대한 양으로 도대체 존재한다고 우리에게 제시하는 것이 무엇인가? 그 답은 우주의 질량을 측정하는 두 가지 방법사이에 나타나는 충돌에서 나타난다. 즉 빛을 내는 질량과 중력 질량이다. 다른 말로해서, 빛을 내는 별들과 은하들의 형태로 우리가 볼 수 있는 모든 것의 전체 질량과 보이지는 않지만 공간에서 그것들의 운동에 의해 중력 질량이 있음을 함축하는 질량 사이에는 충돌이 있다. 이 두 개의 개념들 - 빛을 내는 질량과 중력 질량 - 이 암흑 물질의 이야기에 중심이 된다. 그래서 천문학자들이 어떻게 우주의 무게를 재는지 이야기하는 것부터 시작할 것이다(게다가, 중력파들 - 시공간 구조에서의 파문들 - 의 새로운 스펙트럼이 연구를 위하여 곧 공개 될지도 모른다).

1.2 은하들의 무게를 재는 방법

천문학자들이 별들이나 은하들의 계(system)의 질량을 결정하기 위하여 사용하는 기본 도구는 공간을 지나가는 그것들의 운동을 연구하는 것이다. 그리고 나서 운동과 그 계를 묶어두는데 필요한 중력을 비교해 보는 것이다. 물체들의 운동은 여러 타입의 힘들의 합에 의해서 설명될 수 있다고 최초로 보여준 사람은 바로 뉴턴이다. 특히 중력의 경우에 물리학 법칙들의 개념에 전형이 되는 법칙을 가지고 있다. 즉 뉴턴의 법칙은 우주의 모든 곳에 동등하게 적용된다. 운동과 중력 사이의 균형은 종종 명확하고 아름답다. 아마도 힘들의 균형이라는 뉴턴적 의미로 생각해 봄으로써 구체화 될 수 있다. 우리는 몇몇 놀라운 예들로 둘러싸여 있다. 달의 경우 그것은 수학적인 정교함을 가지고 단순히 지구 주위를 조용히 돌고 있다. 그 이유는 두 물체 사이의 중력에 의한 인력이 달이 계속하여 직선으로 움직이려 하는 것과 거의 정확히 균형을 맞추고 있기 때문이다. 어떤 예들은 놀랄만하다. 예로써, 셀 수 없는 입자들로 구성되어 있는 토성의 고리 같은 것, 그 고리들은 너무 완벽하게 대칭으로 전개 되어 있어서 그 입자들이 가로등 주위로 둘러싼 나방들의 무리들 같이 행성주위로 왜 날아다니지 않는지 묻고 싶은 유혹에 빠진다. 참으로 왜 그것들은 단순히 우주 공간으로 날아가버리지 않거나, 혹은 행성 쪽으로 떨어지지 않는가? 그 답은 토성 주의를 틀림없이 둘러싸고 있었던 원래 입자들 중에 많은 것들이 공간속으로 날아가 버리거나 혹은 행성의 일부가 되었다. 그러나 그것은 오래전에 일어났던 것이다. 오늘날 우리가 보고 있는 것은 남아 있는 것들로써 이 입자들은 운동하는 힘과 중력사이에 정교한 균형 안에 묶여 있는 것이다. 이와 동일한 균형이 소행성대에 있는 소행성들의 군집이나 혹은 은하수내에 있는 별들과 가스의 나선 형태 안에서도 반복되고 있다.

1.3 뉴턴 중력과 보이지 않는 것을 찾기

중력에 대한 뉴턴의 아이디어들은 단순히 근사치라고 말하면서, 그것들을 과소평가 하는 것은 잘못된 것이다. 그것들은 여러 다양한 규모에서 안 보이는 질량들을 들추어내는 데에 충분히 괜찮은 것이다. 사실상, 암흑 물질의 최초의 경험은 우리 자신의 뒷마당, 즉 태양계 외각 지역에서 발생하였다. 대부분 알려진 행성들의 운동을 묘사 하는데 그것의 성공에도 불구하고, 한동안 뉴턴의 법칙들이 7번째 행성, 즉 천왕성(Uranus)에서 맞지 않는 것 같았다. 그 천왕성의 정도에 벗어난 움직임은 뉴턴의 중력의 법칙들을 따르기를 거부하는 것 같았다. 천체 역학자들이 많은 방법으로 그 숫자를 다루었지만, 천왕성은 별들 사이로 지나가는 예정된 경로를 따르지 않았다. 여기에 문제가 있었다. 뉴턴의 중력은 제한된 범위를 가지고 있는 것인가, 그래서 태양으로부터 멀리 떨어진 어떤 거리 이상에서는 그것이 붕괴되어 별이 총총히 박힌 하늘을 행성들이 멋대로 돌아다니도록 허용하는가? 아마도 이것은 과장된 것이다. 왜냐하면 천왕성의 관측된 위치는 그것의 예견된 위치에서 100m 떨어진 거리에서 본 머리카락 하나 정도의 넓이에 해당하기 때문이다! 더할 나위 없이 이 작은 양이 그 시대의 천문학자들을 성가시게 하였다. 무엇이 이런 편차를 야기 시켰을까?

여기에서 총명하고 젊은 두 청년이 떠오른다. 그들은 수학에 번쩍이는 총명함을 갖고 있었다. 한사람은 영국인으로, John Couch Adams이고 다른 한사람은 프랑스인으로 Urbain Jean Joseph Leverrier였다. 1830년대 초까지, 천왕성 일탈의 문제가 공식적으로 발표되어서 천문학자들은 태양으로부터 훨씬 더 멀리 떨어진 또 다른 행성의 존재가 있을지도 모른다고 의심하기 시작했다. 그 행성은 천왕성에게 중력으로 당기는 힘을 미쳐, 천왕성의 예견된 위치에서 벗어나게 할 것이다. Adams는 안 보이는 행성의 질량과 태양으로부터의 거리 그리고 가장 중요하게 하늘에서의 위치를 정확히 계산해낸 최초의 사람이었다. 1843년 10월에 Adams는 관측자들이 새로운 행성을 찾을지도 모르는 하늘에서의 위치에 대해서 상당한 계산을 하였었다. 그러나 사소한 속물적 근성과 개인적 분쟁에 의하여 왕실 천문학자인 George Biddell Airy의 관심을 얻지 못하였다. 그래서 그의 예견들은 검증을 받지 못하였다.

2년 후에, 영국해협 맞은편에서 Leverrier가 Adams의 더 이른 계산결과를 알지 못한 채, Adams와 비슷한 계산을 내놓았다. Leverrier는 1846년 9월 18에 그의 논문을 완성하여 독일의 천문학자 Johann Gottfried Galle에게 그 결과들을 전하였다. Galle는 매우 우연히 새로운 행성의 예견된 위치를 포함하는 지역을 포괄하는 별들의 새로운 한 세트의 차트들을 최근에 획득하고 있었다. 그래서 그는 새로운 행성을 찾기 시작하였고 그리고 단지 며칠 후인 1846년 9월 23일에 그 새로운 행성을 발견하였다. Leverrier에 의하여 예견된 위치의 범위 안에서 말이다!

뒤에 해왕성(Neptune)이라 불리는 이 새 행성의 발견을 누구에게 공적을 돌려야 할지에 대해 논쟁이 격화되었다. James Challis - 캠브리지 대학의 천문학 교수로서 Airy의 계승자 - 는 그 자신의 관측조사에서 해왕성을 발견하였지만 그의 발견을 입증할 시간을 가지지 못하였다고 하였다, 반면에 바로 Galle가 망원경을 통하여 해왕성을 적극적으로 확인한 최초의 사람이었다. Adams는 그의 시대에서는 거의 인정을 받지 못하였음에도 불구하고, 궁극적으로 역사는 Adams와 Leverrier에게 공동으로 공적을 돌렸다(이에 대한 설명은 1997년 출판된 David Blair, Geoff McNamara, Allen& Unwin의 공저인 Ripples on a Cosmic Sea에 나와 있다). 이것은 최초로 상세한 조사로 이어진, 아주 작은 미세한 차이조차도 중력의 법칙에 의하여 설명된 뉴턴 중력의 대단한 승리였었다. 중력은 범우주적이었다 그러므로 더 멀리 떨어져 있고 더 무거운 물체들의 운동은 넓디넓은 우주에서 물질의 분포를 탐색하기 위하여 연구되어질 수 있다. 그러나 거대 규모에서 우주를 이해하는 데에 있어서 단순히 중력에 대한 좋은 이론보다 더 필요한 진보가 있었다. 즉 그것은 더 나은 관측 기술이었다. 별들의 운동을 측정하는 것은 별들이 훨씬 멀리 떨어져 있다는 매우 단순한 이유만으로도 행성들의 운동을 측정하는 것보다 훨씬 더 어려운 작업이었다. 고속도로에서 차를 몰고 갈 때, 더 가까이에 있는 풍경은 상대적으로 더 빨리 움직인다는 것을 알고 있다. 그러나 더 멀리 지평선을 바라 볼 때는, 아무리 빠르게 차를 몰아도 나무들과 언덕들이 거북이걸음으로 움직이는 것 같다. 이 현상은 원근법(perspective)이라 불린다. 그리고 그것은 하늘에서 가장 잘 나타난다. 달이 3500km/h의 속도로 운동하고 있지만, 배경 별들에 대비해서 감지할 수 있을 정도의 움직임을 느끼려면 수 분정도 달을 보아야 한다. 행성들은 밤새도록 전혀 움직이지 않는 것 같이 보인다. 아주 작은 정도의 움직임을 포착하는데 수 일, 수 주 혹은 수 달이 걸린다. 별들 사이에 있는 물질의 분포를 연구하기 위하여, 그것들의 운동을 연구하는 것은 필수적이다. 그러나 원근법은 별의 아주 미세한 움직임조차도 측정하는 데에 수 년이 걸린다는 것을 의미한다. 그럼에도 불구하고, 천문학자들은 그 일을 아주 영리한 방법으로 해내었다.

1.4 별들의 운동들을 측정하는 방법

공간을 지나가는 별들의 운동은 3차원으로 정의 된다. 즉 1차원은 시선방향이고 나머지 2개의 차원은 하늘의 평면에 가로 놓여있다. 시선 방향으로 별의 속도는 분광학이라 불리는 과정을 사용하여 측정된다. 별빛 - 그것이 일개의 별이거나 혹은 은하이든 간에 - 이 유리 프리즘이나 혹은 이와 유사한 고인 물을 통과하면, 그 빛은 분산된다. 즉 그것의 구성성분의 색깔들로 쪼개지는 것이다. 동일한 현상의 햇빛이 비를 통과할 때마다 일어나는데, 즉 무지개가 형성된다. 밝은 색깔들 - 보라, 푸른색, 녹색, 노란색, 오렌지색 그리고 붉은색- 의 대역은 스펙트럼(spectrum)이라 불린다. 만일 별의 스펙트럼이 충분히 생성된다면, 그 안에 바코드를 닮은 일련의 검은 선들을 보게 될 것이다. 이 스펙트럼선들의 각각은 별 안에 있는 특별한 화학 원소를 대표하고 있으며, 스펙트럼에서 특별하며 알려진 위치를 가진다(이것은 또한 천문학자들의 단순히 스펙트럼선들을 판독함으로써 별의 구성 성분을 알아 낼 수 있다는 것을 의미한다).

빛은 전자기파로 만들어져 있고 각각의 색깔은 파의 두 정점사이의 거리인 특별한 파장을 가진다. 그러므로 스펙트럼선의 위치는 파장으로 묘사된다. 즉 짧은 파장을 가진 선들은 푸른색 가까이 나타나며 긴 파장을 가진 선들은 붉은색 가까이 나타난다. 이 이야기에서 중요한 것은 관측자의 시선방향으로 움직이는 별의 운동은 빛의 나타난 파장들을 변화 시키는 원인이 된다. 그 변화는 - 운동의 방향에 의존하여 파장이 증가하는지 혹은 감소하는지 할 수 있는 - 도플러

▍그림 1.1 M74(NGC628) −은하수와 비슷한 나선은하. 이 아름다운 별 구조들은 안쪽으로 향하는 중력과 은하들을 팽창하게 유지하려고 하는 별들의 무작위 운동과 원 운동의 결과이다. 타원 은하들과 다르게, 그것들은 원운동에 의하여 지배를 받고 있다. (Todd Boroson/NOAO/AURA/NSF 호의)

효과에 의하여 나타난다. 도플러 효과란 경찰차의 사이렌소리가 당신에게로 멀어지면 갑자기 낮은 소리로 변하는 것과 같은 현상을 말한다. 경찰차가 접근할 때, 사이렌의 음파는 압축되어 더 높은 음을 만들어내고 경찰차가 물러갈 때는 음파가 퍼져서 더 낮은 음을 만들어 낸다. 도플러 효과는 별빛에도 똑같이 적용된다. 만일 별이 접근해오면, 별빛의 파는 압축될 것이고 그래서 어떤 스펙트럼 선들은 더 짧은 파장을 가지는 것처럼 보일 것이다. 이것은 별빛들을 스펙트럼의 푸른색 쪽으로 전이시키는 원인이 된다. 반면에 만일 별이 당신으로부터 멀어진다면, 별빛은 늘어나서 스펙트럼선들이 스펙트럼의 붉은색 쪽으로 이동할 것이다. 별의 스펙트럼선들의 푸른색이나 붉은색으로의 그 이동이 각각 별이 접근하거나 멀어지는 것을 나타내는 것이다.

이 개념을 더 확장할 수 있다. 별이 접근하거나 멀어지는 비(rate)는 스펙트럼 선들이 얼마나 멀리 편이될 것인지를 결정한다. 이것은 별의 시선방향의 속도(종종 반경방향속도(radial velocity)라 불린다)를 보이는 스펙트럼 상에서 스펙트럼선들이 어디쯤에 위치하는지를 봄으로써 상당한 정확도로 측정할 수 있게 해준다. 심지어 이 모든 것이 사진 상으로 이루어진 1920년대와 1930년에도 얻어진 정확도는 상당히 높았다. 별들은 초당 수백 킬로미터 범위까지의 속도로 은하수 주위를 돌고 있으며 천문학자들은 이 속도들을 초당 1-2km의 정확도로 쉽게 측정할 수 있다.

이 모든 것에 있어서, 은하의 질량이나 혹은 은하단의 질량을 평가하는 것은 통계적 절차임을 기억하는 것이 중요하다. 그래서 더 많은 별들이나 은하들을 관측하는 것이 더 좋은 평가를 할 수 있다. 현대 천문학자들이 별과 은하의 속도들을 측정하는 것을 면밀히 살펴 볼 때, 알 수 있는 것 같이 20세기 후반에는 이 과정이 광학 섬유의 사용으로 크게 도움을 받았다. 이 기술들을 이용하여, 수백 개의 물체들을 동시에 측정하는 것이 가능하다. 그러나 암흑물질 최전방에 있었던 선구자들은 더 작은 망원경과 덜 민감한 탐지기들을 사용하여 한 번에 한 개의 별이나 은하의 속도를 측정하는 제한이 있었다는 것을 명심하자.

별의 운동으로 돌아가서, 우리 쪽으로 다가오는지 멀어지던지 하는 그것의 반경방향운동은 단지 반쪽의 이야기이다. 공간을 지나가는 별의 실제 운동을 결정하기위해서는 하늘의 평면에서 시선방향을 가로지르는 별의 운동을 측정하여야 할 필요가 있다. 이 횡방향 운동(transverse movement)은 별의 고유 운동으로 알려져 있고, 이것은 좀 더 직접적이지만(놀랍게도) 훨씬 덜 정확한 방법을 통하여 측정된다. 무엇보다도 먼저, 별의 상을 찍고, 그것의 위치를 측정하여야 한다. 그리고 나서 가능한 한 오랫동안 - 1년, 5년, 10년, ... 더 길면 더 좋다 - 기다려야 한다. 그리고 나서 별의 위치를 다시 한 번 더 측정하고 다른 별이나 은하들과의 상대적인 어떤 움직임을 찾아야 한다. 이것은 간단한 것으로 들릴지 모른다. 그러나 이것은 사실상 매우 거칠은 방법이며 또 시선방향속도의 측정보다도 덜 정확하다. 왜냐하면 하늘을 가로지르는 그런 미세한 움직임의 측정은 어렵기 때문이다. 우주 공간에서의 측정 천문학은 좀 더 정확하다. Hipparcos라 불리는 대단히 성공적인 위성은 12등급(육안으로 보이는 가장 희미한 별보다 약250배나 더 희미하다)이하의 별들에 대해서 상세한 측정 천문자료들을 천문학자들에게 제공해주었다. 그 결과들은 **은하수의 원반에는 암흑물질이 결여된 것을 확증하였다.** 천문학자들은 다음의 우주공간 천문측정 임무를 띤 위성이 2011년 진수 예정이며 20등급이하의 약 10억 개의 별들에 대해여 천문측정 자료를 제공해줄 유럽 위성 GAIA에 기대를 걸고 있다.

아무튼, 만일 이 두 개의 정보 - 별의 반경방향 속도와 횡방향(혹은 고유) 속도 - 를 획득한다면, 공간에서 별의 진정한 3차원 운동, 소위 '별의 공간 운동(space motion)'을 얻을 수 있다. 지난 수백 년에 걸쳐서 그 기술들이 세련되었음에도 불구하고, 별들의 공간 운동을 측정하는 것은 천문학자들에게 가장 어려운 업무 중의 하나로 남아있다.

1.5 어떻게 은하들이 팽창한 상태로 머물러있는가

별들의 운동에 대한 연구는 우리가 살고 있는 은하수의 형태를 해명하고 그 질량을 결정하는 데에 필수적인 역할을 하였다. 별들의 시스템을 볼 때 마다 여러분들은 언제나 다음과 같은 질문을 할 것이다; '이것이 왜 스스로 자체적으로 안에서는 붕괴되지 않는가? 무엇이 그것을 유지시키고 있는가?' 은하수 같은 별들의 시스템은 단지 그 안에 있는 별들의 운동 때문에 팽창된 상태로 머물러 있다. 이 운동에는 두 가지 형태가 있다. 즉 평균 운동과 무작위 운동이다. 만일 태양 가까이 있는 어떤 지역을 통과하는 여러 별들의 공간 운동을 측정한다면, 그것들 모두는 대개는 회전운동 - 태양과 다른 별들이 은하수 주위로 다함께 회전하고 있다 - 인 평균운동을 가지고 있다는 것을 알게 될 것이다. 그러나 그것은 절대적으로 스무스한 운동은 아니다. 별들은 완벽한 원으로 도는 것이 아니고 헐겁게 조여진 자전거의 휠과 닮은 교란된 원으로 돌고 있는 것이다. 태양과 같이 은하수의 중심으로부터 동일한 거리 - 소위 8 kpc (1 kpc은 약 3262광년에 해당한다) - 로 떨어져서 은하수 주위를 돌고 있는 전형적인 별은 거의 원형인 운동을 가진다. 그러나 별이 은하수 주위를 돌때, 그것은 - 어떤 때는 은하중심으로 좀 더 접근했다가 어떤 때는 좀 더 멀어졌다 하면서 - 0.5~1 kpc의 크기로 원 주위로 흔들흔들하면서 돌고 있다. 이 진동은 꽤 무작위적이다. 만일 여러분이 태양 가까이에 앉아 옆으로 지나가고 있는 별들을 본다면 그것들 중에 어떤 것들은 이 지점에서 안쪽으로 또 어떤 것은 이 지점에서 밖으로 진동하고 있는 반면에 또 다른 것들은 진동하는 데에 있어서 전환점 위치에 있는 것을 알아차리게 될 것이다. 전반적으로 그것은 일종의 평균적인 원 운동이 된다. 즉 이것이 은하수의 외곽선이 원 운동에 더하여 무작위운동인 이유이다. 이 두 종류의 운동 - 원운동과 무작위운동 - 을 좀 더 상세히 살펴보도록 하자.

1.6 원 운동

순수 회전에서, 모든 것은 원형으로 주위를 돈다. 이것은 속도의 제곱을 반경으로 나눈(V^2/R) 안으로 향하는 가속도(안으로 향하는 중력의 인력)를 요구한다. 중력 중심력은 은하에서의 위치에 의존한다. 은하에 있는 모든 입자가 그것이 놓여있는 어떤 반경에 대해서 올바른 속도를 가지고 돌고, 그래서 중력장이 입자를 원형으로 돌 수 있도록 충분한 가속도를 제공한다면, 그 시스템은 완벽하게 원운동을 한다. 그런 계에서는 무작위 운동들이 영이다.

1.7 무작위 운동

또 다른 극단에는 완전히 무작위 운동하는 시스템이 있다. 이 안에서는 모든 별들이 은하의 중심으로 향하여 돌진하거나 무작위 방향으로 밖으로 나가거나 하며, 평균적인 회전 운동이 없다. 그런 시스템은 은하의 중심으로부터 다른 거리들에 도달하게 하는 다른 에너지들을 가진 별들을 갖고 있으며, 전체적인 것은 가스에 있는 압력과 같이 작용하는 무작위 운동인, 별들의 무작위 운동으로 전적으로 유지되어 있다. 그런 은하는 가로등 주위로 한 무리의 나방이 몰려 있는 것처럼 보일 것이다.

물론 실제 은하에서는 이 두 운동의 혼합이다. 은하수 같은 나선은하들은 대부분이 원운동이며 작은 무작위운동을 가진다. 반면에 타원 은하들은 대부분 무작위운동을 가지며 작은 원 운동을 가진다. 그러나 모든 은하에서 모든 점들은, 3개의 요소가 균형을 가져야 한다. 즉 안으로 당기는 중력과 별들의 무작위 운동에 의한 밖으로 향한 압력이 합쳐서 평균 원운동에 필요한 가속도를 제공하여야 한다. 이 세 요소들의 각각은 은하수에서 위치에 따라 변한다.

그림 1.2 Fornax 은하단에 있는 거대한 타원은하 NGC1316. 타원 은하들은 그것의 별들의 무작위 운동 때문에 나선은하들보다 훨씬 적은 구조를 가지고 있다. 우리의 일생동안에는 볼 수 없지만 이 별들은 가로등 주위의 나방들처럼 은하 주위를 배회하거나 혹은 안으로 떨어지고 있다. (P. Goudfrooji(STScl), NASA, ESA 그리고 Hubble Heritage team(STScl/AURA)

1.8 Jeans 공식들

이 요소들과 관련이 있는 한 세트의 공식들이 1919년 영국의 과학자 James Jeans 경에 의하여 공식화 되었다. 다음 단원에서 Jeans 공식들에 관하여 (엄밀한 수학적 설명이 아니라)배울 것이다. 그 공식들은 은하 안에서 별들이 형성되는 성간 분자 구름에서부터 은하 자신들까지 다양한 여러 규모에서 질량을 운동과 연관시켜 준다. 은하의 규모에서는, Jeans 공식들은 은하수 안에 있는 한 지점에서 별들의 밀도(즉 주어진 공간 부피 내에 있는 물질의 양), 별들의 평균 운동, 무작위운동 그리고 그 지점에 작용하는 중력과 연결 시켜준다.

Jeans 공식들을 사용하여 천문학자들은 은하수가 얼마나 많은 질량을 포함하고 있는지 결정하기 위하여 관측된 별들의 운동들을 이용할 수 있었다. 그 질량은 별들의 운동들과 균형을 맞추는데 필요한 중력의 크기에 함축되어 있다. 그래서 이것을 중력질량이라 부른다. 중력 질량의 양은 은하수내에 포함 되어있는 빛을 내는 물질에 의하여 함축되어 있는 질량 - 빛나는 질량이라 부른다 -의 양과 비교해 볼 때까지는 괜찮았다.

1.9 질량-광도 관계

20세기 초기에는 보이는 물질의 양을 결정하는 것은 상당히 간접적인 방법이었다. 천문학자들은 무슨 종류의 별들이 은하수에서 발견되는지 확실하게는 몰랐다. 1924년에 영국의 천문학자 Arthur Stanley Eddington은 별의 질량과 그것의 절대 밝기(별을 10pc의 표준거리에 둔다면 그때의 별의 밝기)와의 비슷한 관계를 예견하였다. 후에 이 관계는 쌍성들의 연구로부터 경험적으로(관측으로) 다듬어졌다. 별의 질량은 일반적으로 태양의 질량을 1로 두고 그 비교 질량으로 주어진다. 즉 $1.5M_{\odot}$, $2M_{\odot}$ ... 등등, 그러나 절대 밝기와 질량 사이의 관계는 모든 별들에서 동일하다고 가정할 수는 없었다. 예로서 무게가 나가는 별은 종종 너무 밝다. 그래서 질량, 광도의 비(ratio)는 매우 작다. 다른 말로 해서, 어떤 주어진 질량의 양에 대해서 많은 수의 광도가 있다는 것이다. 또 규모의 다른 한

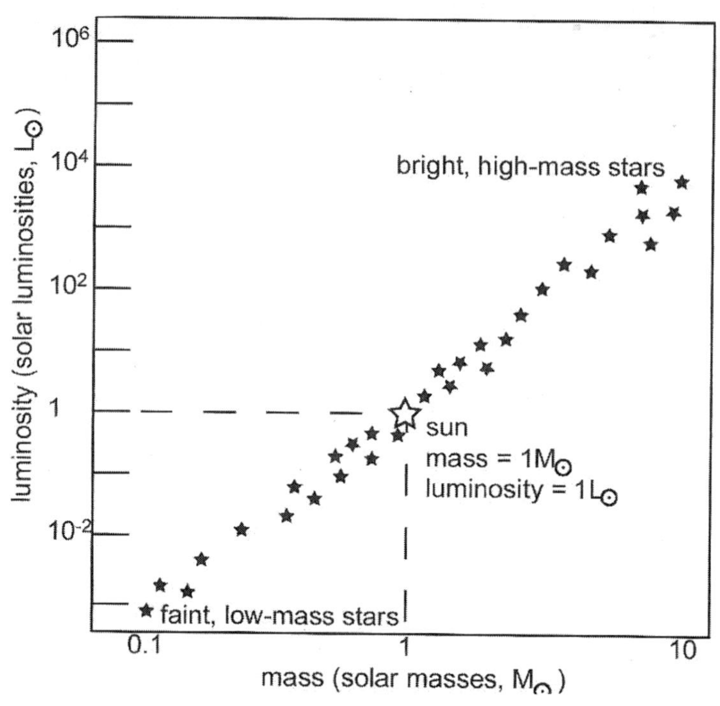

그림 1.3 별의 질량과 밝기(명도)사이의 관계는 질량-광도 도표에 나타나 있다. 질량-광도 관계의 이해는 천문학자들로 하여금 은하수의 빛을 내는 물질의 질량'을 계산 할 수 있도록 해주었다; 즉 그것은 오직 별들로만 구성되어 있다면 그것의 질량이다.

극단에 있는 매우 작은 별들 - 태양보다 훨씬 작은 - 의 질량과 비교해 볼 때 전혀 밝게 빛나고 있지 않다. 여기는 질량, 광도 비(ratio)가 매우 높다. 여러 다른 밝기를 가지고 있는 별들에 대한 질량-광도 관계가 수년 동안에 걸쳐서 주의 깊게 연구 되었었고, 이제는 은하수내에 있는 방대한 양의 별들에 대해서 꽤 잘 이해하게 되었다. 그러므로 은하수에서 보이는 모든 별들의 질량과 그 광도들의 비례관계를 첨가하여, 은하수의 '광도 질량(luminous mass)'에 대한 지적인 평가를 내릴 수 있게 되었다. 이것은 원래 1920년에 행하여 졌다. 그리고 더 현대적 평가가 좀 더 이론적인 방법으로(컴퓨터로 가상적인 별들의 무리를 만들어 내는 것 같음) 내려졌음에도 불구하고, 그 답은 상당히 동일한 것으로 판명되었다.

1.10 중력 질량 대 빛나는 질량

암흑물질 문제를 연구하는 천문학자들에 직면해 있는 딜레마가 여기에서 나온다. 은하수에 있는 별들과 가스가 존재하는 모든 것이라면, 은하수의 중력 질량과 빛나는 질량은 동일한 것이다. 그러나 추측하듯이, 그것은 매우 다르다. 어떻게 이것이 발견되었고, 누구에 의해서 발견 되었는지가 다음 단원의 주제이다.

CHAPTER

02 잘못된 여명

2.1 역사적 배경

별의 운동들의 관측이 어떻게 암흑물질의 발견에 이르게 되었는지에 대한 이야기를 하기 위해서 시간적으로 뒤로 돌아가야 한다. 그러나 그것은 그리 먼 과거가 아니라 단지 1920년대이다. 사실상 우리가 우주의 규모에 대해서 알게 되었을 때, 우주의 특성과 기원은 전례 없는 속도로 확장되어갔다. 역사적으로 이 시기는 망원경이 발견된 초기시절과 비교되어진다. 그 시기는 편협된 지구중심의 구조에서 단지 지구가 평범한 별 주위를 도는 또 다른 행성에 불과하다는 견해로 전환된 시기이다. 1920년에는 많은 천문학자들은 1901년에 Jacobus Cornelius Kapteyn이 제의한 은하수 모델을 받아들였다. 즉 우리 태양계와 함께 별들이 타원모양으로 모여 있는 과도한 군집이 은하수 중심 가까이 어디엔가 있다는 것이다. 그는 20년 동안 그의 이론을 발표하지 않았음에도 불구하고, Kapteyn 모델은 뒤에 간략히 언급할 젊은 Jan Hendrik Oort를 포함하여 그의 동료들 사이에 잘 알려져 있었다.

Kapteyn 모델의 유행에도 불구하고, 미국인 Harlow Shapley와 Heber D Curtis를 포함한 많은 천문학자들의 작업은 은하수가 Kapteyn에 의하여 상상되는 것보다 더 클 뿐 아니라 하늘을 가로질러 흩어져 있으며 은하수의 일부인 것 같은 이상한 나선 모양의 성운들은 사실상 우리 은하로부터 상당히 멀리 떨어져 있는 상당한 크기의 은하들이라는 것을 보여 주었다. 지난 단원에서 묘사된 스펙트럼 선 관측과 유사한 기술들을 사용한 더 깊은 관측들이 Vesto Melvin Slipher 그리고 나중에 Edwin Hubble을 포함한 천문학자들에 의하여 수행되었다. 단연코 연구된 대다수의 은하들은 우리 은하수로부터 멀어져 가는 것을 나타내는 적색 편이를 보여 주었다. 그러나 은하수가 우주의 중심이라는 것을 함축하는 대신에, 이 발견은 우주가 팽창하고 그리고 각 은하들은 모든 다른 은하들로부터 멀어져 가는 것을 보여 주었다. 은하들의 상호 후퇴는 종종 오븐에서 요리되는 과일케이크 안에 있는 건포도로 예시되곤 한다. 케이크가 부풀음에 따라, 각각의 건포도는 팽창하는 케이크 안에서 서로 멀어지는 것이다.

Hubble이 우주의 팽창을 확증하였지만, 후퇴하고 있는 은하들의 관측들은 그 당시에 은하 속도들에 대한 지도자급 권위자였던 Slipher가 먼저 하였었다. Hubble이 하였던 것은 후퇴속도와 거리를 연관짓는 단순한 법칙을 발견한 것이다. 은하들의 상호 후퇴가 함축하고 있는 중요한 점은 이것이다. 즉 은하가 우리로부터 더 빨리 후퇴하면 할수록, 그것의 거리는 더 멀리 떨어져 있다는 것이다.

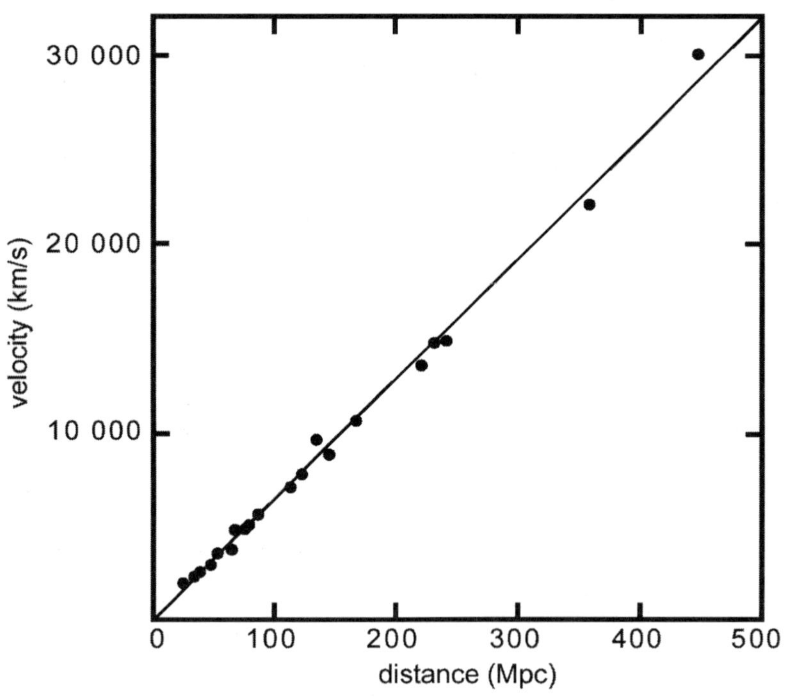

그림 2.1 적색편이-거리 도표. 은하의 후퇴속도는 그것이 떨어진 거리에 따라 증가하고 있다. 그것은 타입 Ia 초신성의 관측들에 기초를 두고 있다. 이 초신성들 모두는 거의 동일한 밝기를 갖고 있으며, 그것의 부모 은하들의 거리를 매우 정확하게 측정하는 데에 사용되어질 수 있다. 거리는 Mpc(1Mpc=3백만 광년)의 단위로 주어져 있다. 자료는 1996년에 Riess와 그의 동료에 의한 작업으로부터 유도되었고 그림은 Edward Wrights web page(www.astro.ucla.edu/~wright)로 부터 가져왔다.

예로서, 한 선상에 일정하게 떨어져 있는 3개의 은하들이 모두 동일한 비로 서로 멀어져 가고 있다고 상상해 보자. 그리고 그 선의 한 끝에 있는 은하에 우리가 살고 있다고 상상해 보자. 우리의 관점에서는 중앙에 있는 은하는 이 은하에 살고 있는 외계인으로부터 우리가 멀어져 가는 것처럼 보이는 것과 똑같이 우리로부터 멀어져 갈 것이다. 그러나 만일 우리가 두 번째로 있는(두 배로 멀리 떨어져 있는) 은하의 후퇴속도를 측정한다면, 그것은 더 가까이에 있는 은하보다 두 배로 멀어지는 것 같이 보일 것이다. 이것은 두 번째 은하가 우리로부터 후퇴하고 있는 더 가까이에 있는 첫 번째 은하로부터 후퇴하고 있기 때문이다. 다른 말로 해서, 은하의 후퇴속도가 크면 클수록, 그것은 더 멀리 떨어져 있는 것이다. 후퇴속도가 거리에 비례하기 때문에, 거리에 대한 속도의 비는 은하에서 은하로 감에 따라 거의 일정하다. 이것은 **허블상수**로 불리고 또한 그것을 정확히 결정하는 것은 매우 어렵다. 그 한 이유는 은하들의 정확한 거리들을 측정하는 것이 너무 어렵기 때문이다.

허블은 왜 우주가 팽창하고 있는 지에 대한 이론에 대해서는 거의 주의를 기울이지 않았다. Hubble 과 Slipher가 후퇴하고 있는 은하들을 연구하고 있었을 때, 그것은 팽창하고 있는 우주와 관련된 이론적 구조체계를 개발하였던 여러 이론가들에게 - Albert Einstein을 포함하여 - 남겨 두어졌다. 팽창하는 우주의 중요한 함축은 과거에 어떤 유한한 시간에 모든 것의 시작이 있었다는 것이다. 이 사건은 빅뱅으로 알려져 있고 암흑 물질에 대한 우리의 이야기에 중요하다. 나중에 좀 더 상세하게 그것의 복잡함을 탐구할 것이다.

2.2 오르트(Oort)의 소개

이 탐색의 시대 속으로 20세기의 천문학의 거인들 중에 하나인 Jan Hendrik Oort가 성큼성큼 걸어들어 왔다. 암흑물질에 대한 그의 결론들은 이제 와서는 올바르지 않은 것으로 믿어지지만, Oort가 다른 어떤 이보다도 천문학자들에게 은하규모에서 암흑물질에 관하여 심각하게 생각해보는 영감을 불어넣은 사람이었다. 물리학적으로는 크지 않지만, Oort는 강력한 존재감을 가진 매우 중책을 맡은 인물이었다. 2차 세계대전동안, 그는 독일 당국에 협조하는 것을 거부하고

▌그림 2.2 1970년 영국 Brighton에서의 국제 천문학 연합회 회의에서의 Jan Oort

Leiden 대학교에서의 그의 위치를 떠나서 네덜란드의 시골의 작은 집에서 그의 연구를 계속하였다. Oort는 젊은 나이때부터 국제적으로 매우 존경 받았었고 네덜란드에서는 상당한 정치적 무게가 있었다. 은퇴 후에도 92세로 죽을 때까지 그는 연구를 계속하였으며, 80세 때에도 아이스 스케이팅을 아주 잘 탔었다.

네덜란드는 천문학에 오래되고 강한 전통을 가지고 있다. Oort는 이 전통을 계속 이어 나갔고 이끌었다. 그는 전파 천문학이 오스트렐리아와 미국에서 출현하였던 시대인 1935년에 Leiden 천문대의 천문학교수가 되었다. 그는 점차 전파 천문학에 흥미를 가지게 되었고, 전파가 은하수에 있는 뿌연 가스와 먼지 구름들뿐만 아니라 대부분의 밤에 네덜란드 하늘을 지배하는 지역적 구름들도 통과한다는 것을 알게 되었다. 그러므로 2차 세계대전이 끝났을 때, 그와 그의 동료들은 독일제 7.5m 레이더 접시를 획득하여 그것을 전파망원경으로 전환시켜 지상에서의 관측을 수행하기 위하여 그것을 사용하였던 것은 놀라운 일이 아니다.

Oort의 학생들 중에 하나인 Henk van de Hulst가 지금은 유명한 중성 수소의 21cm 스펙트럼선의 방출을 예견하였었다. Leiden 천문학자들은 은하수의 별들 사이에 놓여있는 수소 가스의 운동을 관측하는 데에 최초의 사람들 중에 하나였다. 수소가스의 운동의 관측은 그들에게 은하의 회전을 연구하도록 해 주었다. 이 연구들은 - 미국과 오스트렐리아의 천문학자들도 또한 수행하였다 - 은하수의 오랫동안 의문의 나선구조를 확증하였다. 이것들은 역사를 만드는 관측들이었다. 그러나 Oort는 네덜란드가 그들이 사용해왔었던 7.5m 독일 안테나 보다 훨씬 더 큰 현대적 전파 망원경이 필요하다는 것을 깨달았다. 그는 1956년에 네덜란드 북쪽에 있는 Dwingeloo에 25m 안테나의 건설과, 1970년에 Westerbork 전파합성 망원경 건설에 도움을 주었다. Westerbork 기구는 약 208km에 걸쳐서 서에서 동으로 14개의 2.5m접시들로 구성된 거대한 간섭계이며 Australia Telescope Compact Array (ATCA)와 유사하지만 더 크고 더 강력하다. 단원 4에서 보게 되듯이, Westerbork 망원경은 나선 은하들이 별들이 아니라 대부분이 암흑물질로 구성되어 있다는 것을 알게 해 주는데 있어서 매우 중요한 역할을 했다. 간단히 말해서 이 분야에서 Oort의 영향은 매우 지대하였다. 그러면 그의 초기 연구의 이야기로 돌아가 보자.

2.3 Oort, 차이나는 회전을 발견하다

별들의 공간 운동 연구에 의하여 만들어진 최초의 주요한 연구들 중에 하나는 은하수가 회전하고 있다는 것이었다. 1925년과 1930년 사이에 나타난 은하수의 회전의 발견에 관여한 3명의 주된 인물이 있었다. 바로 Gustav Stromberg, Bertil Lindblad 그리고 Jan Oort 였다. Stromberg의 기여는 은하수 별들의 평균운동은 그것들의 무작위 운동들과 상관관계가 있다는 발견이었다. 즉 어떤 특정부류의 별의 무작위 운동이 더 크면 클수록 태양과 상대적으로 그것들의 평균 운동이 점점 더 커졌다. 별들의 무작위 운동들은 가스압력처럼 작용하고 회전과 함께 그것들은 그 자신의 중력에 대항하여 은하를 지지하는데 도움을 주고 있다. Stromberg의 발견은 우리가 회전하고 있는 은하에 살고 있다는 주요한 단서가 되었다. Lindblad는 행성들이 태양주위로 도는 것 같이, 좀 더 복잡하지만 별들이 대략 은하의 중심을 안정된 궤도를 돌고 있어, 은하수가 실제로 회전하고 있다는 것을 보여준 최초의 사람이었다. Lindblad 의 수학적 논문들은 Oort를 포함한 많은 천문학자들에게 은하수 내에 있는 별들의 운동을 연구하도록 고무시켰다.

Oort의 기여는 1927년에 은하수에서 차이나는 회전의 발견이었다. 그는 원반 형태를 한 은하수는 모든 부분이 동일한 주기로 도는 자동차의 휠과 같이 딱딱하게 회전하는 것이 아니라 오히려 은하의 안쪽 부분들이 바깥지역들보다 더 빨리 회전하고 있다는 것을 밝혀냈다. 은하수에 있는 모든 점은 다른 각 속도를 가지고 회전하고 있다. 그래서 은하수에 있는 별들과 가스의 운동은 목욕물이 욕탕 배수구로 빠져나갈 때 생기는 소용돌이를 닮아 있다. 그것은 단순하게 들리지만 은하수의 구조 - 즉 나선 형태의 원반 - 가 아직 확증되지 않았었던 당시에는 이것은 굉장한 업적이었다.

2.4 Oort, 원반의 암흑 물질을 발견하다

은하들의 동역학에 대한 Oort의 관심은 연속적으로 1932년에 은하수의 원반에 있는 물질의 양에 대한 상세한 연구로 그를 이끌었다. Kapteyn과 Jeans가 은하수내에 보이지 않는 물질의 존재에 대해서 의심을 벌써 표현하였지만, 그 문제에 대해서 최초로 명확한 연구를 수행한 사람은 바로 Oort였다. 은하수의 원반에 있는 물질의 양을 측정하기 위하여, Oort는 은하수 주위의 별들의 평균운동과 무작위운동뿐만 아니라 은하수 평면에 수직인 운동도 측정하였다. 별들은 원반 주위를 돈다. 그러나 회전목마의 목마처럼 그것들은 은하수의 평면에 위·아래로 움직인다. 별들의 평균(회전)운동과 무작위 운동이 그것을 은하수 중심으로 빨려 들어가는 것을 막아주는 것과 동일한 방식으로, 은하수가 완전히 평평한 원반 형태로 닮도록 구조를 붕괴시키는 것으로부터 은하수를 막아주는 것은 바로 이 별들의 수직운동이다. Jeans 방정식들 중에 하나는 은하수 평면 내에서 평균회전운동, 무작위 운동과 중력을 연관시켜주고, 다른 Jeans 방정식들은 원반에서 별들의 수직운동을 중력에 연관시켜준다. 별들의 평면을 향하여 모든 별들은 아래쪽으로 당기는 중력은 또 다시 가스 안에 있는 압력처럼 작용하는 별들의 무작위 수직 운동과 균형이 맞추어져 있다.

Oort는 원반 내에서 암흑 물질을 발견하였다고 믿었을 때, 그는 이 수직의 별 운동들에 주목하였었다. 그러나 이것은 쉽지도 않고 그만큼 잘못될 수도 있다. Oort의 경우에도 어떤 것이 잘못되었다. 원반에 있는 물질의 밀도에 대한 측정에 들어가는 관측 요소들은 원반에 수직인 별들의 분포와 그것들의 무작위 수직 운동들이었다. 그러나 Jeans의 방정식들은 그 연구에 사용되는 별들에 대해서는 너무 번거로웠다. 정확히 동일한 별들이 밀도와 운동 데이터를 얻기 위하여 사용되어져야만 했다. 그렇지 않으면 그 결과들은 에러가 날 것이다. 이것이 Oort가 잘못 걸어간 길이었다.

은하수의 원반에 수직인 별들의 수직 분포를 측정하기 위하여 그 시대의 천문학자들은 원반에 수직인 기둥으로 대표되는 하늘의 정의된 지역 내에서 그들이 볼 수 있는 전 별들을 셈하였다. 이 별들의 밝기 분포를 비교해봄으로서, 그들은 별들이 공간 기둥 내에 물리적으로 어떻게 분포해 있는지 추론하였다. 통계적으로, 희미한 별들보다 더 밝은 별들을 보는 것은 우리에게 멀리 떨어져 있는 별보다 더 가까이 있는 별이 더 많다는 것을 가리킨다. 달리 말해서, 밝은 별이 적고 또한 희미한 별도 적지만 많은 양의 중간 밝기의 별들이 있다면 그것은 중간 거리에 별들의 층이 있다는 것을 의미한다. 물론 이것은 몇몇 중요한 요소들을 무시하였다. 적어도 모든 별들이 동일한 내적 밝기를 가지고 있지는 않다는 적잖은 사실과 또한 시선 방향으로 있는 먼지에 의하여 별이 희미해지는 것도 설명하지 않는다.

2.5 K 별들이 가진 문제

별들의 수직운동은 도플러 효과를 이용하여 측정되었다. 1930년대 천문학자들은 정교한 탐지기들이나 스펙트럼 사진기들을 가지고 있지 않았으며, 오늘날 사용되고 있는 거대한 망원경보다 훨씬 작은 망원경을 가지고 있었다. 그래서 그들은 측정하기 가장 쉬운 별들을 선택하였다. 속도측정을 하였을 때 천문학자들에게 매우 매력적인 특별한 타입의 별이 있다. 즉 K 거성이다(K 라는 글자는 Hertzsprung-Russell 도형 - 별의 밝기와 스펙트럼 온도를 비교해 놓은 그래프 -

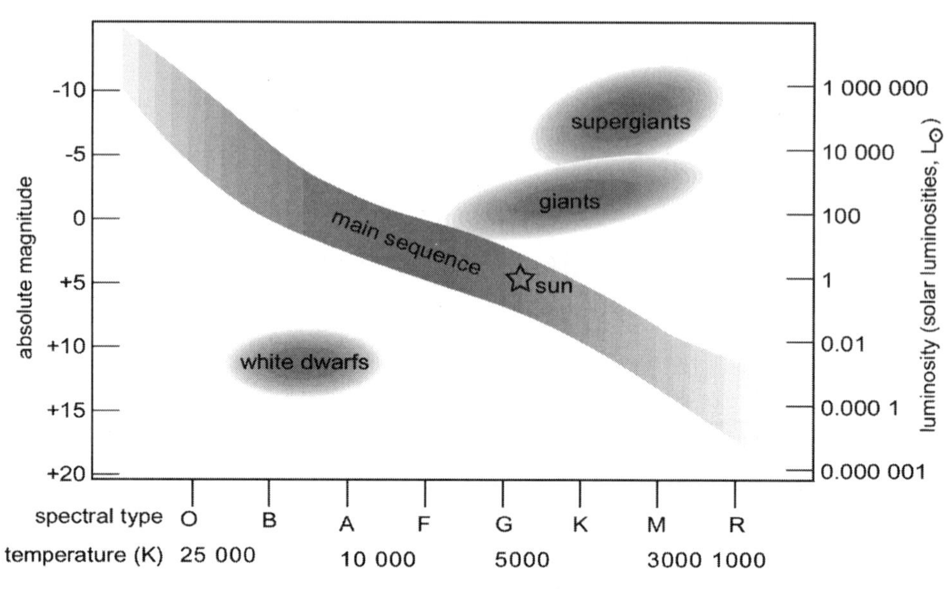

▌그림 2.3 Herzsprung-Russell 도형은 별들의 스펙트럼 타입을 결정하는 별들의 온도에 대한 별들의 밝기를 그려놓은 것이다. 이것은 덴마크 천문학자 Ejnar Herzsprung(1911)과 미국인인 Henry Norris Russell(1913)에 의하여 각각 고안된 것이다. 별들의 어떤 큰 그룹 – 은하나 혹은 은하단 같은 – 은 별들의 진화 단계에 의존하는 잘 정의된 그룹들을 형성할 것이다.

에서 나왔다). 이 별들은 저장된 거대한 수소들을 다 써버리고, 전형적으로 태양 지름의 약 30배 정도로 어마어마한 비율로 부풀러 오른 별이다. 그 결과로 100배 정도로 밝아서 관측하기가 쉽다. 중요한 점은 이 별들은 차가운 별이라는 것이다. 그러므로 측정하기 쉽게 확증할 수 있는 많은 스펙트럼선들을 가지고 있다. (대개 뜨거운 별들은 대개 소수의 선들만 가지고 있어 여기에서는 중요하지 않다.) Oort는 - 1980년대까지 모든 천문학자들이 그렇게 생각하였듯이 - 이 K 거성들은 모두 은하수 원반의 전형적인 멤버들이라고 생각하였다. 그러나 그것들은 아니다.

2.6 얇은 원반과 두꺼운 원반

은하수의 원반은 꽤 복잡하다. 나선은하들의 가장자리의 이미지를 나타내는 얇은 원반뿐만 아니라, 1983년까지도 발견되지 않았던 두꺼운 원반이라 불리는 매우 퍼진 형태가 있다. 두꺼운 원반은 대부분의 사람들에 친숙한 얇은 원반보다도 약 4~5배 더 두껍고, 측정하기 쉬운 K거성들을 포함하여 오래된 별들로 가득 차있다. 두꺼운 원반에 있는 별들은 아마도 은하수의 초기시대에 기원하였던 것 같다. Oort의 계산을 복잡하게 만든 요인들 중에 하나는 두꺼운 원반을 점령하고 별들이 전형적으로 얇은 원반에 있는 별들의 2배 정도의 무작위 속도를 가지고 있다는 것이다. (이것이 두꺼운 원반이 얇은 원반에 비해 두꺼운 이유이다.) 이 에너지 넘치는 두꺼운 원반의 별들이 얇은 원반의 별들인 체 하였고 Oort의 계산에 들어가게 되었다. 그것들의 매우 큰 수직 운동들 때문에 의심할 여지없이 은하수 원반에 있는 별들의 평균 수직운동의 실제보다도 상당히 크다라는 결론에 이르게 하였던 것이다. 그렇게 높은 평균 수직 운동에 기초를 두었기 때문에, Oort는 원반을 붙잡아두기 위해서 훨씬 더 많은 물질 - 아마도 은하수의 별들에 의해 나타나는 양의 두 배 정도 - 이 있어야 한다고 결론을 내렸던 것이다. 만일 그것이 존재한다면, 그런 물질은 완전히 어두울것이다.

2.7 Bahcall과 암흑 물질에 대한 흥미의 부활

Oort는 1940년대와 1950년대를 통하여 원반 암흑물질에 대한 연구를 계속하였다. 그러나 놀랍게도 이 주제는 그때부터 1970년대까지 상대적으로 휴면상태에 놓여 있었다. 1970년대에 프린스턴의 고등연구소에서 천문 물리학 그룹을 이끌고 있었던 미국 천문학자 John Bahcall이 Oort의 연구와 유사한 연구를 좀 더 현대적인 데이터를 가지고 수행하였다. Bahcall의 결과들은 Oort의 것과 다소간 비슷하였다. 그러나 대조적으로 그것들은 원반 암흑물질의 아이디어에 여러 다른 조사를 하도록 촉발시켰다. 이때에는 은하들의 바깥 지역에 암흑 물질이 있다는 아이디어가 일반적으로 받아들여지던 때였으므로 암흑물질이 은하수의 원반들에도 또한 실제로 존재하는 지에 대한 발견에 많은 흥미를 불러 일으켰다.

2.8 Oort의 실수 밝혀지다

이것은 원반 암흑물질에 대한 끝의 시작이었다. 잇따른 독립된 연구들이 Oort나 Bahcall의 결과보다 원반 암흑물질이 더 작다는 논문이 지속적으로 발표되었다. 원반 암흑물질에 강펀치가 1988년에 일어났다. 그 해에 Konrad Kuijken - 캠브리지에서 Gerry Gilmore와 같이 작업을 한 벨기에 학생이다 - 가 왕립천문학회 월간 보고에서 영향력 있는 몇 편의 논문들을 발표하였다. 그것들은 **은하수**의 원반에는 암흑 물질이 거의 없다는 것을 제시하였던 것이다.

원반 암흑물질에 관한 다른 결론은 은하수 원반에 있는 중력질량의 양을 측정하는 데에 진보된 수학적 방법에 부분적으로 기인한다. 초기 연구자들에 의해 사용된 것 같이 Jeans방정식은 어떤 것이 공간뿐만 아니라 속도 공간에서 어떻게 일어나는지를 연관시켜주는 Boltzman방정식이라 불리는 더 깊은 근본적인 방정식으로부터 유도되었다. 단위 입방 파섹(parsee)당 매우 많은 태양질량을 가지고 있는 공간에서의 한 지점 - 3차원 공간 - 을 말하는 대신에, 볼츠만 방정식은 6차원 공간 안에서 정의되는 밀도 D를 사용한다. 이것이 의미하는 것은 다음과 같다. 은하수 안에 있는 한 지점에 앉아서 다음과 같은 질문을 해보자. 단위 입방 파섹에 얼마나 많은 태양 질량이 있는가? 그러나 그리하면 속도 공간에서 밀도에 관하여서도 또한 질문하여야 한다. 즉 초당 입방 km당, 입방 파섹 당 얼마나 많은 태양 질량이 있는가? 이것은 위상공간 밀도라 불리며 종종 f로 정의한다. 그리고 주어진 부피의 공간 안에 주어진 속도의 별들이 얼마나 많이 존재하는 지에 대한 측정이다. Boltzman 방정식은 그 밀도가 속도와 위치의 함수로서 어떻게 변화하는 지를 결정해준다. 그러므로 그것은 중력에 달려있다. 그것은 오히려 더 기본적인 방정식이다. 왜냐하면 위상공간의 밀도가 알려져 있다면, 별의 시스템에 대한 완전한 묘사가 가능하다. 이 기술은 그 자체의 문제들을 가지고 있지만, 그것은 좀 더 직접적인 방법이다. 즉 그것은 Jeans 방정식에서는 요구되지만 매우 정확하게 측정할 수 없는 어떤 변수들을 그냥 지나쳐버린다.

지금은 천문학자들이 은하수의 원반 - Oort의 결론과 반대로- 이 다소간 암흑물질에서 자유롭다고 믿고 있다. 1998년에 이 결론은 프랑스의 Oliver Bienayme

과 동료들에 의한 연구로부터 강한 지지를 받았다. 그들은 Hipparcos 위성에 의하여 측정된 별들을 사용하여, 별의 밀도와 운동이 원반의 중력밀도가 보이는 물체들로 설명되어질 수 있는 밀도에 매우 근접하고 있다는 것을 보여 주었다.

2.9 원반 암흑 물질, 끝은 아니다

그러나 이것이 원반 암흑물질의 끝을 반드시 의미하는 것은 아니라는 것을 강조해야겠다. 즉 단지 원반 내에 암흑물질에 대해서 거의 없다는 것이 현재 생각이다.(조금은 있을 수 있다는 말이다; 역자주) 사실상 원반이 암흑 물질을 포함한다면 천문학자의 일생을 더 쉽게 만들어 주었을 것이다, 왜냐하면 많은 관측된 현상들을 설명해주기 때문이다. 예로서 모든 것이 현 상태로 있을 때, 원반 암흑물질의 결핍은 은하수 원반이 대부분의 다른 유사한 은하들의 원반보다도 다소 더 가벼워 보이는 것 같다. 이것은 몹시 괴롭히는 근심이 되었다. 우리의 은하가 좀 이상한가? 아니면 우리가 다른 은하들을 측정하는데 사용하였던 절차 중에 어떤 것이 잘못된 건가? 많은 천문학자들은 원반에 암흑물질의 결여가 상당히 불편하다는 것을 알게 되었고, 원반이 현재 가지고 있는 것의 약 2배 정도의 물질을 원반이 가지고 있다고 하는 것을 더 선호하였다. 외관상으로는 잘못되었음에도, 원반 암흑물질의 Oort의 발견은 사실상 훨씬 더 편안한 결과이었을 것이다. 혼란스럽게 하는 다른 작은 요소들이 있다. 그 이유는 대부분의 사람들이 그것이 경우에 맞다고 믿음에도 불구하고, 심지어 현재의 결론 - 원반에는 암흑물질이 없다 - 이 올바르다고 천문학자들이 절대적으로 확신하고 있지 않다는 것이다

그러나 두 가지 이유 때문에, Oort의 은하수 원반 암흑물질에 대한 의심은 단순히 잘못된 흔적은 아니었다. 첫째로, 그것은 은하수에 대한 현재의 모델을 정제하는데 도움을 주었다. 1922년에 Oort는 구형성단(globular clusters)이라 불리는 큰 구형의 별들의 집단이 은하수 안에서 움직이는 방식에 대해 연구하였다. 구형 성단은 은하수를 포함하여 대부분 은하의 바깥 지역에서 관측되는 약 백만 개의 별들의 치밀한 집단이다. Oort는 구형성단들을 빛나는 물질만의 중력으로 은하수에 묶어두기에는 구형성단들이 너무 빨리 움직인다는 것을 발견하였

다. 단순한 별-차트는 Sagittarius(궁수자리) 별자리 방향에 있는 은하수 중심주위로 차곡차곡 쌓여 있는 것 같았다. 하늘에서 그런 비대칭적 분포는 구형 성단들이 단순히 지나쳐 버리는 것들이 아니라, 은하수 시스템의 한 부분이라는 것을 Oort에게 제시해주는 것 같았다. 그러나 그것들의 관측된 속도로 운동하는 동안에 그것들을 붙잡아 두기 위해서는, 은하수가 포함하고 있는 별들보다 은하수가 - Kapteyn 모델에 의하면 - 200배 정도 더 무거워야 한다는 것이었다. 이것은 보이지 않는 (암흑)물질에 대한 아이디어에 흥미뿐만 아니라 은하수의 크기와 구조에 관하여 재고찰을 하도록 점화시켰다.

두 번째로, 과학의 특성과 과정에서의 에피소드로부터 배운 교훈이 있다. 은하수 원반의 반이 암흑물질로 구성되어 있다는 Oort의 발표 이후 천문학자들이 그 문제를 더 깊이 조사해 보기로 결정하는 데에는 수십 년이 걸렸다. 그런 천문학자에 의하여 발표된 중요한 발견은 천문학 학회에 매우 심각하게 받아들여지고, 더 깊이 조사하게 되는 것으로 생각되어진다. 그것이 그 당시에 왜 바로 추진되지 않았는지는 단지 추측만 할 수 있다. 그 이유 중에 일부는 아마도 암흑물질에 대한 아이디어가 그 당시에는 일상의 천문학적 생각이 아니었기 때문인 것 같다. 그러나 Oort의 결론은 매우 심각하게 받아졌던 것 같다. 그가 이 결과를 발표하였을 때 천문학자들은 그들이 더 이상 더 좋은 의견을 내 놓을 수가 없다고 생각할 만큼 그는 그런 막강한 영향력이 있는 인물 이었다! Bahcall이 그 문제를 재검토 할 때 까지는 Oort의 실수가 발견되지 않았다. 여기서 주는 교훈은 확실히 그것을 유도한 사람이 아무리 저명한 과학자라 할지라도 어느 한 결과에 대해서 너무 신뢰를 두는 것은 아니라는 것이다. 과학은 의문과 의심 위에서 번성하며 자란다. 이것이 없다면 과학은 정체된다.

잘못된 시작이 있었음에도 불구하고, Oort의 작업과 위대한 과학자로서의 그의 권위는 은하규모에서 암흑물질의 아이디어를 촉발시켰다. 그가 은하수가 원반에 암흑물질의 존재를 발표한지 얼마 되지 않아, 그와 동시대의 한사람 - Zwicky - 이 거대하게 큰 규모에서, 그리고 매우 굉장한 양으로 암흑물질의 존재를 발표하였다. Oort의 발견과 이것과의 대조는 그 두 사람 자신들 사이의 대조와 일치한다.

CHAPTER

03 안 보이는 것을 보는 것

3.1 Zwicky의 소개

Oort가 은하수의 원반에서 암흑물질의 존재를 발표 후 곧, 또 다른 천문학자 Fritz Zwicky가 개개의 은하들뿐만 아니라 은하단에서도 암흑물질의 존재를 발표하였다. 소수의 천문학자들만이 우리 은하수가 우주에 있는 다른 은하들과 다르지 않는, 별들의 평범한 집단이라는 것을 막 인지하기 시작한 그 당시에, Zwicky는 벌써 우주가 수많은 은하들을 가지고 있을 뿐만 아니라 더 큰 규모의 것들도 가지고 있고, 중성자별과 암흑물질과 같은 이색적인 현상들로 가득 차있다는 것을 포용하였었다.

Zwicky는 천문학뿐만 아니라 광범위한 다른 분야에서 많은 기여를 한 놀라운 과학자였다. 스위스 국적의 부모로 불가리아에서 태어난 그는 미국에서 그의 대부분을 직업의 일생을 보냈다. 1922년에 취리히에 있는 스위스 연방공과대학에서 물리학박사를 받은 후, 그는 미국으로 이주하였고, 거기서 1925년에서 1972년까지 파사데나에 있는 캘리포니아 공과대학의 교수로 봉사하였다. 그의 거주에도 불구하고, 그는 1949년에 미국 시민권을 거부하였다.

Zwicky의 천문학에서의 기여들은 큰 규모에서의 암흑 물질의 발견보다 더 나아갔다. 1934년에 Walter Baade와 공동연구로, 신성과 초신성과의 차이를 지적하였다. 그들은 초신성은 신성에 비해 매우 적은 빈도로 발생한다는 것을 보여주었고, 초신성 폭발로 남은 잔재물은 완전히 중성자들로 만들어진 별일 것이라고 그들은 말했다. 중성자는 대부분 원소들의 핵 안에서 발견되는 작고 전하가 없는 입자이다. 1932년에 James Chadwick이 중성자를 발견하였다는 소식을 들은 지 몇 시간 안에 위대한 러시아 물리학자인 Lev Landau가 중성자들로만 거의 구성된, 상상할 수도 없이 작고 밀도가 높은 별을 착상하였다고 전해진다. 2

년 후에 평범한 별이 어떻게 중성자 별로 전환되는 지에 대해 상세히 묘사한 것은 바로 Baade와 Zwicky였다. 약간의 조정을 걸쳐, 전해지는 이야기는 오늘날에도 기본적으로 동일하다.

모든 별들은 뜨거운 가스의 구(sphere)이다. 그것들은 아주 거대함에도 불구하고, 그것들의 구형의 형태는 별의 중심으로부터 밖으로 향하는 에너지의 일정한 흐름에 의하여 중력의 인력에 대항하여 유지되고 있다. 이 에너지는 가벼운 원소의 융합으로 무거운 원소가 만들어지면서 나온다. 별이 핵연료 - 태양의 경우에서 수소와 같은 - 의 공급을 지속적으로 받는 한에서는, 중력의 안으로의 붕괴 하려는 힘에 대해서 반대의 힘을 유지할 수 있다. 그러나 모든 별들이 결국에 핵연료를 다 써버리면 밖으로 향하는 에너지의 흐름은 끝나게 된다. 태양 질량보다 작은 별은 상대적으로 평화롭게 죽음을 맞이한다. 그것을 지지할 수

그림 3.1 Fritz Zwicky가 1967년 8월에 체코 프라하에서 개최된 국제 천문 연합회 모임에서 오찬 테이블에서 은하들에 대해서 이야기하고 있다.

있는 것은 아무것도 남아있지 않을 때, 별의 핵은 붕괴하여 지구 크기의 백색왜성을 남긴다. 반면에 그 외곽 층은 폭발하여 공간속으로 흩어지면서 아름다운 '행성상 성운(planetary nebula)을 형성한다. 그러나 더 무거운 별은 훨씬 더 극적인 방식으로 그 일생을 마친다. 핵연료의 공급을 다 써버리고 나면, 그것은 자체적으로 맹렬하게 붕괴를 한다. 엄청난 내파는 핵 반동(core bounce)을 초래하여, 별 외곽 층들의 물질들이 10억 개의 별이 동시에 내는듯한 빛을 내면서 폭발한다. 적어도 태양정도의 질량을 가진 별의 핵은 지름으로 약 20km까지 수축할 지도 모른다. 이 밀도에서, 전자와 양성자는 융합하여 중성자들을 형성한다. 골무(재봉 일에 손가락 끼우는 것)만한 크기의 물질의 무게가 1억 톤 정도의 무게가 나간다. Zwicky와 Baade의 예견이 확증되는 데에 또 다른 35년이 걸렸다.

Zwicky는 또한 (이 책에서 나중에 상세히 논의 될) 중력 렌즈로서 알려진 현상에 사용하기 위하여 우주에서 암흑물질이 어떻게 배치되어 나타나야 하는지에 대해서도 예견을 하였다. 그 기본 아이디어는 무게가 있는 물체들의 중력장은 빛을 휘게 할 수 있다는 데 있다. 그 개념은 아인슈타인의 일반 상대성에서 예견한 것에 기초를 두고 있다. 즉 빛은 질량을 가진 물체를 둘러싼 시공간의 국소적 휨을 따라간다. 영국의 위대한 천문학적인 Arthur S. Eddington이 이끈 1919년 개기일식에서 별 빛의 휨을 관측한 유명한 탐사 원정대는 아인슈타인의 예견을 확증하였다. 탐사원정은 성공적이었고, 아인슈타인의 예견에 대한 확증은 그에게 예상치 못한 명성을 가져다주었음에도 불구하고, 아인슈타인과 에딩턴 둘 다는 현상을 과학적 탐구로 실제 적용할 수 있을지 의구심을 가졌었다. 그러나 그 가능성에는 '중력 렌즈화(gravitational lensing)' 의 개념도 있었다. 이것에 의하여 은하를 둘러싼 중력장이 더 먼 거리에 있는 은하들의 빛을 휘게 한다. 사실상, 확대시킨다. 이것은 마치 확대경이 태양 빛을 초점에 집중시키는 것과 같은 효과이다. 은하들이 직선으로 정렬할 기회가 너무 적어서 지대한 관심을 가지지 못할 것이라고 믿었던 아인슈타인과 에딩턴의 비관주의에도 불구하고, Zwicky는 중력렌즈화가 우주에서 아주 멀리 떨어진 물체들을 측정하는데 유용한 도구가 될 것임을 예견하였다. 그 예견은 더 이상 심오할 수 없었다. 단원 7에서 보게 되겠지만, 중력 렌즈는 이제 은하 안에서 뿐만 아니라 은하단에도 있는 암흑물질을 탐구하는데 놀랄만한 성공으로 광범위하게 사용되고 있다.

이것들이 충분하지 않다는 것처럼, Zwicky는 또한 우주선 연구에서부터 최초의 제트 엔진들까지의 범위에 달하는 연구에까지 기여를 하였다. 그 시대보다 지적으로 몇 십년 앞선 과학자는 그렇게 많지 않았다. 그러나 확실히 Fritz Zwicky는 그런 사람들의 뛰어난 한 예이었다. 사적인 면에서 보면, 그는 미국에서 거의 50년간을 살았음에도 불구하고, 매우 강한 억양으로 말하는 좀 시끄러운 성격이었다. 그는 허풍이 좀 있었고, 고집이 세었으며, 많은 그의 동료들로부터 낮은 평가를 받았었다.

무엇보다도, Zwicky는 또한 중요한 이론적 작업도 수행하였지만, 그는 관측천문학자였다. 그는 은하들이 외견상 집중해 있는 것은 - 최초로 Herschel에 의해 지적되었던 - 사실상 실제 은하단이라는 것을 보여준 최초의 사람들 중에 하나이다. 팔로마 산 천문대의 48인치 망원경을 사용하여 그는 많은 은하단들을 발견하였다. 또 다른 예로서, 발견된 초신성의 수가 12개 밖에 안되었던 당시에, 1937년~1941년 사이에 Zwicky는 다른 은하에서 더 많은 초신성을 18개를 발견하였다.

그의 인생의 후반에 그는 은하들의 어떤 큰 목록들을 만들어 냈다. 그러나 심지어 여기에서도 그의 신랄함이 나타났다. 그는 외부 세계에 의한 그의 처우가 몹시 비판적으로 점점 변함에 따라, 그의 1971년의 'Catalogue of Selected Compact Galaxies and of Post-Eruptive Galaxies' 의 책에서 신랄한 서문을 썼다. 그 일부분은 읽기에 즐거움을 준다. 여기에 몇몇 예가 있다.

> 몇몇 이론가들의 순진함은 항상 정말로 소름 끼치게 하곤 한다. 가장 현혹된 개인의 한 예로서, 미국 천문학회의 교황 같은 존재, Henry Norris Russell을 인용할 필요가 있다. 그는 1927년에 다음과 같이 발표하였다. '별들의 특성은 자연의 가장 단순하고 가장 근본적인 법칙에 따른다. 그리고 그것은 심지어 우리의 현재 지식을 가지고 그 별을 결코 보지 못하였지만 일반적 원리로부터 예견될 수 있을지도 모른다.'

Henry Norris Russel은 실제로 별 천문학에서 커다란 진보를 만들어낸 매우 유명한 천문학자였다. 그리고 대부분 현대 천문학자들은 그의 발표에 크게 이유를 달지 않았었다.

Zwicky는 그의 경력의 후반까지도 팔로마 산 200인치 망원경을 사용하는 것이 허용되지 않았다. 그것은 명백히 그를 화나게 만들었다. 그는 다음과 같이 썼다.

> 1930년의 가장 명성 있는 관측 천문학자들도 또한 완전히 실수한 것으로 증명되었던 주장을 하였다.... E, P, Hubble, W Baade 그리고 그들의 젊은 조수들 중에 추종자들은 이와 같이 그들의 관측 자료들을 조작할 수 있는 위치에 있었다. 그리하여 결점들을 감추고, 사실들에 대한 그들의 매우 편견적이고 실수투성인 발표와 해석들을 대부분 천문학자들이 받아들이고 믿게 만들었다. 어떤 존경받는 지배계급에 의하여 만들어진 순환 고리에 맞추어지도록 제삼제사 던져지는 것이 - 매우 많은 다른 훈련과 계획들의 운명처럼 - 천문학의 운명이었다. 이것에 팽창하는 천문학의 저널에서 소용없는 쓰레기 같은 것들이 생생한 증거를 제공하고 있다.

Zwicky는 그의 혹평에서 구별되는 목표물을 선택하는 데에 확실히 일관성이 있었다. Hubble과 Baade는 그 시대에 가장 영향력이 있는 천문학자들 중에 하나였다. 그리고 우주의 팽창과 은하에 있는 별들의 종류에 대한 그들의 발견들의 중요성에 의심이 없었다.

> 모든 종류의 유아적인 판타지들과 훔친 아이디어들에 대해서는 준비된 듯이 무비판적으로 받아들이는 것과 대조적으로 'Astrophysical Journal'의 편집자들은 치밀한 은하들에 대한 나의 최초의 포괄적이며, 관측적으로는 증거 서류가 잘 구비된 논문을 거부함으로서 관용과 좋은 판단이 거의 믿을 수 없을 정도로 부족함을 보여 주었다.

이것은 퀘이사 - 무지무지하게 밝고 먼 거리에 있는 물체 - 의 발견한 시기에 쓴 글이다.

Zwicky의 그의 동료들에 대한 모독은 때때로 되돌아왔다. 그는 '형태학상의 천문학'이라 불리는 책을 저술하였었다. 그 책에서 그는 어떤 물체의 특성을 결정하는 한 방법으로 물체들의 패턴들을 이용하는 것에 대한 '형태학 논의'에 대해서 묘사하였다. 그 책은 그가 수년간에 걸쳐서 개발하였던 많은 견해에 대한 두서없는 강연이었다. 그러나 그것은 오늘날 연관이 있는 것으로 남아있는 진리를 언뜻 본 것들도 포함하고 있다. 예로서, 그 책은 복합 이미지화 하는 것에 대한 최초의 약간의 예들을 포함하고 있다. 즉 어느 한 파장대(파란빛 같은 것)로 은하의 양화(positive print)를 만들어 중첩시키면 다른 종류의 별들이 어떻게 은하 내에서 분포하는지를 보여줄 수 있다고 그 책 내용 안에 있었다. 그럼에도 불구하고, 대부분의 사람들은 이 책을 무시하였다. Zwicky가 종종 방문하곤 하였던 어떤 한 천문대 도서관에서, 그가 거기에 없을 때는 그의 책이 소설 섹터에 진열되어 있었고, 그가 있을 때는 과학 섹터인 'I' 아래에 다시 재위치 하였다는 이야기가 전해진다.

무엇이든지간에, Zwicky는 천문학에 큰 질문들을 하는 데에 두려워하지 않았다고 한다. 그는 외부은하 성운들(은하들)과 은하단들 둘 다의 질량을 결정하는 방법을 알아내는 데에 상당히 흥미를 갖고 있었다. 이 주제들에 관한 그의 최초의 논문들이 1933년경에 독일에서 발행되었다. 그러나 1937년에 그는 'virial 이론' (앞으로 우리가 간략히 설명할 은하나 은하단의 질량을 계산하는 것)과 같은 문제들 포함하여, 다가올 60년에 걸쳐서 따라올 질량 측정에 대한 모든 작업들의 기초를 개관하고 있는, 상세하며 기초적인 논문을 천체 물리학 저널에 발표하였다. 그는 또한 은하단에서 암흑물질을 발견하곤 하였던 기술에 대해서도 설명하였다. 개개의 은하질량을 은하의 가스와 별들의 운동으로부터 평가할 수 있듯이, 은하단들의 질량은 그들 개개의 은하들의 운동으로부터 측정할 수 있다. 은하단들에 대한 Zwicky의 작업은 우주에서 질량을 측정하는 새로운 방법을 완전히 열어 놓았던 것이다.

3.2 은하단들

은하 그룹 안에 있는 은하들의 행동양상을 연구하기 위하여, 커다란 샘플을 가져야 할 필요가 있다. 다행히도 이 일에 거의 딱 맞는 수많은 은하단들이 있다. 은하단들의 역사는 William Herschel과 함께 시작되었다. 1780년대에 그는 은하들(그 당시에는 성운으로 알았던)이 하늘에서 무작위로 분포하는 것이 아니라 그룹을 지으면서 모여 있는 것처럼 보이는 것에 주목하였다. Herschel에 의해

주목받은 그런 군집의 하나는 처녀자리(Virgo)에 있었다. 1933년에 시작하여, (구상 성단에 있는 세페이드 변광성의 연구들을 통하여 은하수의 실제 크기를 알아내는 데에 도움을 주었던) Harlow Shapley는 25개 은하단들의 목록을 출판하였고 그것들의 군집이 우연히 아니라 어떤 진화적 과정에 의한 것이라고 제시하였다. 그러나 1950년대 까지, 대부분 천문학자들은 은하는 홀로 있는 물체이며 단지 소수에서 어떤 실제 물리적 연결을 가지고 다른 은하들과 연결되어 있는 것으로만 생각하였다.

3.3 Zwicky와 Abell의 은하단 목록

은하들이 군집을 이루기를 선호한다는 증거가 점차 불어나기 시작하였다. 1958년에 George Abell이 2,712개의 은하단들 목록을 발표하였고, 1960년과 1968년 사이에 Zwicky와 공동 연구자들은 9,134개의 은하단 목록을 발표하였다. 이 두 기념비적인 작업들은 국립지리 협회, 팔로마 천문대 천문 조사국으로 자료가 보내져 누적된, 팔로마 산에 있는 48인치 Schmidt 망원경으로 얻어진 감광판들을 면밀히 검토해봄으로서 만들어진 것이었다. 은하단들의 수에서 큰 차이가 나는 것은 두 천문학자가 은하단을 분류하는 방식의 차이와 관련이 있다. Abell은 오직 밀도가 높은 은하단만 사용하였고, Zwicky는 얼마나 밀도가 높은 가에 상관없이 모여 있는 것은 어떤 은하단이던지 사용하였다. 그때 이후로, 증가된 정교한 관측 기술들과 통계적 방법들로 인해 방대한 대부분의 은하들은 은하그룹이나 은하단에 속해있으며, 오직 소수의 은하들만 우주에서 홀로 있다는 것을 증명하였다.

은하들은 형태와 크기로 나열된다. 알다시피, 우리는 안으로 나선 구조를 가진 평범한 원반 내에 살고 있다. 그런 '나선 은하들'은 보통 가스와 먼지가 풍부할 뿐만 아니라 별들도 많이 있다. 이것은 두 가지 형태가 있는데, 즉 금방 휘저은 커피 잔의 표면에 휘돌아 감긴 크림과 닮은 순수 나선 은하와 나선 팔이 그곳으로부터 뻗어 나온 것 같은 은하 중심을 가로질러 있는 막대를 갖고 있는 나선 은하이다. 대조적으로 타원 은하들은 내부 구조를 거의 가지지 않으며, 가스와 먼지도 많이 없고 평평한 비치 볼 같은 형태를 하고 있다. 마지막으로 전혀 식별할 수 있는 형태를 가지고 있지 않으면서 가스는 풍부한 은하들, 소위 '불규칙 은하들'이라 불리는 은하들이 있다. 소 마젤란 성운이 이런 타입이다. 1925년에 Hubble은 은하들의 분류들을 서로 연결고리로 짓는 안을 제시하였다. 서로 다른 은하 타입들의 기원에 대해서 여전히 혼란이 있음에도 불구하고 아주아주 멀리 떨어져 있는 은하들의 - 우주의 초기시대에 근접하여 존재하였던 은하들 - 최근의 관측들은 은하들의 형태학과 진화사이의 연결고리가 있다는 것에 지지를 더하여 주고 있다.

개개의 은하들이 그것들의 외형 모양에 따라 분류되어질 수 있듯이, 은하단들도 신원을 확인 가능하게 하는 특징들이 있다. Abell과 Zwicky가 은하단의 타입을 식별하려고 시도한 최초의 사람들이였다. Abell은 그것들을 규칙과 불규칙으로 분류한 반면에 Zwicky는 치밀, 중간, 개방으로 그것들을 분류하였다. 그러나 그 분류 안들은 은하단 일원인 은하들의 공간 분포에만 기반을 두고 있어서, 은하단들 내의 은하들의 타입들에 대해서는 설명하지 못하였다. 개개의 은하단들의 특징을 검사한 최초의 사람은 바로 William W. Morgan 이었다. 그는 적은 수의 가까이 있는 은하단들을 상세히 연구하였다. 그리고 좀 더 밝은 은하 일원들(가장 밝은 일원 중에서 2등급 내에 있는 것)에 집중하였으며 두 가지 타입으로 식별하였다; 즉 좀 퍼져 있는 타입의 은하단으로서 주로 나선 은하들을 포함하고 있고 유일하게 가장 밝은 것들은 단지 타원 은하이거나 S0 은하(나선은하처럼 평평하지만 거의 가스를 포함하고 있지 않다)인 것과, 그 다음은 밀집된 타입의 은하단으로서 가장 밝은 것들 모두는 타원 은하이거나 S0 은하들이며 더 희미한 일원들과 다른 어떤 나선은하들을 거의 가지고 있지 않는 타입이다. 개개의 은하들과 마찬가지로, 이 특징들은 은하단의 형태학과 그것의 환경사이에 연결고리를 제시하였다.

은하단들은 지금은 규칙적인 것과 불규칙적인 것으로 정의한다. 규칙적 은하단들은 주로 타원은하들이나 S0은하들을 포함하고 있으며 개략적으로 구형의 은하들의 군집이다. 그것들은 풍부하며 밀도가 높다. 그리고 그것들은 우주에서 은하들의 5~10%의 거처가 되는 것 같다. 반면에 불규칙 은하단은 구별할 수 있는 형태를 갖고 있지 않으며 어떤 타입의 은하들도 포함한다. 이 은하단들은 덩어리져 있는데, 더 작은 은하단의 그룹과도 닮았다. 그리고 10~1000개 정도의 은하들을 포함한다. (약 3백만 광년의 지름을 가진) 더 작은 은하단들이 더

▌그림 3.2 머리털(Coma) 은하단은 북쪽의 머리털(Coma Berenices) 성단자리에 있는 약 90Mpc 떨어져 있는 은하단이다. 수천 개의 개개의 은하들로 구성되어 있는 그것은 두 개의 큰 덩어리로 나뉘어 진다: 즉 타원은하 NGC 4889와 SO 나선은하 NGC 4874이다. 이것들은 둘 다 전파원들(radio sources)과 연관이 있다.

일반적이지만, 문자 그대로, 수천 개의 은하단들이 발견되었다. 그리고 그들에 대한 연구는 천문학자들에 은하의 형성과 진화에서부터 고 에너지 천체물리학과 거대 규모 우주학까지에 이르는 범위까지의 학문 분야에 통찰력을 제공해 주었다.

3.4 Coma 은하단

Zwicky가 암흑물질의 조사에서 사용한 은하단은 Abell 목록에서 1656으로 등재되어 있다. 그것은 북쪽의 머리털자리(Coma Berenices)에 있으며 약 90Mpc정도 떨어져 있다. 머리털 은하단(Coma cluster)으로 주로 언급되는 이 거대한 은하단은 - 알려진 가장 풍부한 것들 중에 하나 - 1901년에 독일의 하이델베르그에 있는 브루스 망원경을 이용하여 Max wolf에 의하여 최초로 묘사 되었다. 그것의 개략적 구형의 형태는 2개의 명확한 성분으로 나누어지며, 각각의 덩어리는 다소간 크기가 비슷하며 전파 발생원과 연관이 있는 은하의 중심을 가지고 있다. 머리털 은하단은 관측하기에 이상적인 물체이다. 그것은 은하수의 평면으로부터 적절히 떨어져 있는 위치에 있다. 그래서 별, 가스, 먼지들로부터 시야가 흐려지지 않는다. 1957년에 Zwicky는 그 은하단 중심으로부터 약 2.5Mpc 내에서 16.5등급 보다 더 밝은 804개 은하들과 6Mpc이내에서 19등급보다 더 밝은 29,951개의 은하들을 발견하였다. 이 은하들 중 많은 것이 머리털 은하단과 관련이 없지만 그 은하단은 거의 확실하게 1000개 이상의 은하들을 가지고 있다. 그리고 Abell목록에 있는 은하단들 중에 그렇게 많은 정도의 은하들을 가진 5% 이하의 은하단 중에 하나이다. 머리털 은하단을 구성하고 있는 은하들은 대부분이 타원은하와 S0은하들이다. 그것들은 초기 우주에서 형성되었던 최초의 것들 중에 하나인 것으로 판명 되었다. 그 은하단을 지배하는 은하는 두 개의 NGC 4889와 NGC 4874 거대 타원 은하이다. 이것들은 장구한 세월에 걸쳐서 더 작은 은하들을 흡수하거나 잡아먹음으로서 그렇게 큰 크기가 되었을 것이다.

3.5 은하단 '압력' 측정

우리는 지난 단원에서 Oort와 다른 이들이 은하수의 질량과 그 안에 있는 별들의 운동을 측정하여 결정하였던 것을 보았다. 크기와 질량에서 엄청난 차이가 있음에도 불구하고, 은하단의 질량도 유사한 방법으로 측정할 수 있다. 하나의 큰 차이점은 은하단에서 주된 운동은 회전운동이 아니라 모든 은하들의 무작위 운동이라는 것에 있다. 다행히도 이 운동들을 다루는 다양한 방법들이 있다. 은하단의 행동양상은 팽창되어 있는 풍선 안에 있는 가스 압력과 닮아있다. 풍선은 고무의 안으로 향하는 장력과 풍선 안에 있는 공기 분자들의 무작위 운동들이나 혹은 압력에 의하여 서로 맞서고 있어 팽창한 상태로 있는 것이다. 유사한 방식으로 타원 은하나 은하단들은 중력의 안으로 당기는 인력에 저항하여 그 구성원들 - 은하에서는 별들, 은하단에서는 은하들 - 의 운동에 의한 '압력'에 의하여 팽창한 상태로 있다. 그 '압력'은 은하단 내에서 은하들이 얼마나 빨리 운동하는 가를 측정함으로서 계산되어질 수 있다. 그리고 이 압력으로부터 이 은하들을 간직하기 위해서 필요한 중력장 즉 질량이 얼마 인지를 결정할 수 있다.

어떤 가정들이 무작위 운동 정도에 관하여 만들어져야 하기 때문에 이것은 좀 트릭(trick)을 쓰고 있다. 예로서, 만일 모든 은하들이 은하단의 중심으로 안과 밖으로 반경 방향으로만 움직인다면, 그 질량에 대한 값을 유도할 수 있을 것이다. 그러나 이것은 매우 드문 상황이다. 그리고 사실상 모든 은하들이 은하 중심을 향하여 반경 방향으로만 단순히 움직이지는 않는다. 어떤 것은 원 운동하며 어떤 것은 반경방향으로 운동을 한다. 그러나 대부분의 은하들은 이 두 극단 운동의 모든 가능한 조합으로 은하단을 돌아다니고 있다. 그러므로 은하들의 궤도모양은 무작위조합이다 라고 가정하는 것이 필요하다.

아직 이 방정식에 들어가는 또 다른 요소가 있는데, 그것은 가스 구름 같은 시스템들이나 혹은 은하들의 무리들은 단순히 중력과 압력사이의 균형이 아니라 **중력과 압력의 구배(gradient)사이의 균형**이다. 즉 압력이 그 시스템의 중심으로부터의 거리에 따라 어떻게 변화하는가이다. 만일 압력이 그 시스템 전체에 걸쳐서 동일하다면, 작동하는 압력의 힘은 없다. 그러나 바깥 지역보다 중앙지역이 더 높은 압력이 있다면, 그때는 밖으로 밀어내는 압력이 있다. 이것의 좋은 예는 별이다. 이것 안에서 별의 중심에 있는 압력은 외곽층보다 더 훨씬 더 높다. 그래서 가스의 압력 구배는 별의 물질들을 밖으로 밀어내어 별이 팽창하도록 한다. 그러나 중력은 그것을 안으로 붙들어두려고 한다. 더구나 압력 구배를 측정할 때, 그 시스템의 모든 성분의 분포 - 그것들이 가스 분자들이던지 혹은 은하단의 은하들이던지 - 가 중요하다. 은하단은 정확하게 경계를 지울 수 없지만, 한 은하단의 평균 반경을 수학적으로 결정하는 것은 가능하다. 그러므로 그 은하단에서 압력 구배를 결정할 수 있다.

머리털 은하단내에 있는 무작위 운동을 결정하기 위하여, Zwicky는 그 은하단의 일원인 약 600여개의 은하들의 운동들을 연구하였다. 그것들의 어마어마하게 멀리 떨어진 거리 때문에, 우리의 시선을 가로 질러 은하단내에 있는 은하들의 어떤 운동을 탐지한다는 것은 이 거리에서 시각은 극히 미세하여 불가능하다. 그러나 개개의 은하들의 스펙트럼선의 도플러 편이를 연구함으로서, 그는 전체 은하단에 대한 평균운동에 상대적인 개개 은하들의 시선 방향운동을 측정할 수 있었다. 이것은 매우 지루한 작업이었고, 또한 그 당시에는 꽤 어려운 작업이었다. 판명되었듯이, 머리털 은하단은 우리로부터 7000km/s의 평균속도로 멀어져 가고 있다. 그러나 이것은 평균이다. 즉 한 무리의 별들이 그러한 속도를 가지고 우리로부터 멀어져가고 있다고 말하는 것과 같다. 어떤 순간에 어떤 별들은 그 무리 내에서 평균속도로 움직이는 다른 별보다도 더 빨리 움직일 수도 있다. 동일한 방식으로 머리털 은하단 내에서 은하들의 운동은 전체 은하단이 멀어져 가면서 운동을 하고 있음에도 불구하고, 어떤 은하들은 다른 것들보다 더 큰 속도로 우리로부터 멀어져 가고 있다는 것을 의미한다. 머리털 은하단내에 있는 한 은하가 우리로부터 5000km/s로 멀어져가고 있다면, 그 함축된 의미는 그것이 실제적으로 은하단에 상대적으로 우리 쪽으로 향하여 2000km/s로 접근하고 있다는 것을 뜻한다. 유사하게, 한 은하가 우리로부터 9000km/s로 멀어져가고 있는 것이 관측되었다면, 이것은 은하단의 중심으로부터 2000km/s의 속도로 멀어져가고 있다는 것을 의미한다. 그러나 이 은하들 중 어느 것도 Oort가 관측한 별들이 은하수로부터 탈출할 수 없듯이 탈출할 수 없을 것이다. 은하단의 중력장은 그런 잠재적 탈출들을 지배할 만큼 충분히 강한 것 이상이다. 시간만 주어진다면, 은하단의 중력장은 은하들의 궤도를 돌려세워서 그것들을 중심으로 끌어들이기에 충분할 정도로 강하다. 중요한 점은 속도의 분포가 더 크면 클수록 - 그 시스템의 전체 운동 에너지를 나타내는 - 은하들을 끌고 가야할 중력에너지는 더 커진다. 중력은 물질을 의미하기 때문에, **운동에너지와 중력 퍼텐셜 에너지와의 비교가 그 시스템의 질량을 직접적으로 가리킨다.**

3.6 Virial 정리

앞에서 언급하였듯이, 개개의 은하와 은하단들 사이의 규모에서의 어마어마한 차이에도 불구하고, 운동에너지와 중력 퍼텐셜에너지 사이의 관계가 암흑 물질을 찾는데 있어서 일반적인 요소가 된다. 그 차이점은 운동이 좀 더 잘 정의되지 않는 은하단들과 같은 좀 더 불규칙한 시스템에 이르러서는 계산이 좀 더 어렵다는 것이다. 그럼에도 불구하고 Zwicky는 Viral 정리(Oort가 사용한 Jeans

방정식으로부터 나온)로 알려진 기술을 사용하여 머리털 은하단의 중력 질량을 계산할 수 있었다. 이것은 그 안에 구성 물체들 - 즉 은하단 안에 은하들 - 의 운동으로 인한 시스템의 운동 에너지 양을 멀리 밖으로 날려 보내지 않기 위하여 필요한 중력 퍼텐셜 에너지양에 연관 지을 수 있다.

3.7 질량-광도 관계

머리털 은하단의 중력 질량에 대한 지식으로 무장한 Zwicky는 개개의 은하들에 의한 질량의 양을 측정하였다. 여기에서 그는 꽤 올바르지 않았을지도 모른다. 왜냐하면 그 당시에는 천문학자들이 별들의 항으로 개개 은하의 질량에 대해서 확신할 수 없었다(이것은 심지어 오늘날에도 문제로 남아있다). 그러나 Oort와 다른 이들이 은하의 빛나는 질량은 별들의 전체 수를 계산하고 그리고 별의 질량-광도 관계를 사용하여 결정되어질 수 있다고 여겼던 것과 마찬가지로, Zwicky는 사진을 통하여 개개 은하들의 밝기를 측정하고 은하단 전체 광도의 꽤 실제적인 평가를 하게 되었다. 그리고 나서 그는 각각의 은하들의 별의 양은 다소간 거의 동일하다고 - 오늘날에도 천문학자들은 여전히 그렇게 생각한다 - 가정하였다.

3.8 Coma 은하단과 Virgo 은하단의 연구 결과들

대체로 그것은 합리적으로 정교한 조치였다; 즉 은하단내에 있는 개개 은하들의 밝기, 속도 그리고 하늘에서의 위치를 측정한 후 은하단의 빛나는 물질의 질량을 추정하였다. Zwicky가 이것을 행하였을 때, 그는 **빛나는 질량과 중력질량 사이에 괴리가 있음을 발견하였다.** 만일 은하단이 빛나는 질량만 포함하고 있다면, 개개 은하들의 속도들은 은하들을 우주의 영겁의 시간동안 아주아주 멀리 날려 보내었을 것이다. 그런데 이것은 명확히 사실이 아니다. 그래서 은하단을 함께 붙잡아 둘만큼 충분한 중력을 발휘하는 어떤 것이 있어야 한다. 그러나 놀라게 하는 것은 - 그 양이 너무 커서 천문학 사회에서 Zwicky의 결과를 완전히 받아들이는 데에 수십 년이 걸렸다 - 그와 관련된 물질의 양 이었다. Oort는 은하가 별들의 형태로서 볼 수 있는 물질의 양이 아마도 두 배정도 더 어두운 물질을 포함하고 있다고 말함으로서 모든 이들을 놀라게 한 반면에, Zwicky의

▌그림 3.3 처녀(Virgo)은하단은 2000개 이상의 은하를 포함하고 있으며 국부 초은하단(Local supercluster)을 지배한다. 이 그림은 이 은하단의 서쪽 중심지역을 보여주고 있다. 왼쪽 하단에 거대 타원 은하 M87(Virgo A라고도 한다)은 이 은하단의 동적인 중심 가까이 있으며 지배적인 일원으로 믿어지고 있다. 우측 상단에 있는 두 개의 밝은 타원은하들은 M86(더 왼쪽에 있는 것)과 M84이다(그림 3.4는 이 부분을 Kitt 산 국립 천문대에 있는 Mayall 4m 망원경을 가지고 얻은 더 상세한 사진이다). 이 사진은 아리조나, 가까이 있는, Kitt 산에 위치한 Case Western Reserve 대학의 Warner and Swasey 천문대의 Burrell Schmidt 망원경에서, BVR 필터를 사용하여, 1995년 6월과 1997년 1월에 찍은 16개의 상들로부터 만들어진 것이다. 이 상들은 이 은하단의 여러 다른 지역을 찍은 것이고 이것들을 다시 짜깁기하였다. 이것이 이 사진이 프레임안에서 이상한 형태로 보이는 이유이다. 이 짜깁기에 의한 가장 명백한 영향은 여러 다른 감광 노출에 의하여 경계선을 따라 있는 하늘의 노이즈(noise)에서 변화이다. 전체 상의 크기는 122×86분각(거의 2×1° .5)이다 - 보름달 크기의 12배정도되는 면적이다. (NOAO/AURA/NSF 호의)

결과는 빛나는 질량과 중력질량 사이에 훨씬 더 큰 괴리를 보여주었다. 그의 계산에 의하면, 머리털 은하단은 빛나는 질량의 50배 정도가 어떤 안 보이는 형태로 포함하고 있다. 머리털 은하단은 암흑물질로 포화되어 있는 것 같았다.

Zwicky는 1933년에 이 모든 것을 하였다. 그리고 3년 후에 Sinclair Smith가 윌슨 산 천문대에서 처녀자리 은하단을 가지고 비슷한 실험을 수행하였다. 이 은하단은 은하들이 상당히 밀집해 있다. 그리고 그 형태는 불규칙하다. 처녀자리 은하단은 매우 거대하고 가까이 있어 우리가 속해있는 국소그룹(Local group) 은하단(국소그룹 은하단은 2개의 큰 나선은하와 - 우리 은하수와 안드로메다은하

▌그림 3.4 처녀 은하단(그림 3.3에 보여준)은 타원 은하 M84와 M87을 포함하고 있다. 수천 개의 은하들이 중심을 향하여 강하게 집중되어 있지 않는 느슨하며 불규칙적인 풍부한 은하단을 형성하고 있다. 이 사진은 1974년 Kitt 산 국립 천문대에 있는 Mayall 4m 망원경을 가지고 얻은 것이다. (NOAO/AURA/NSF 호의)

- 많은 난쟁이 타원 은하와 불규칙 은하들로 구성되어 있다)이 그것을 향하여 끌려가고 있는 중이다. 과거와 미래에도 셀 수 없는 다른 은하들과 같이, 우리은하도 이 '처녀자리 은하단 중심으로의 흐름'에 굴복하여 언젠가는 그것의 일원이 될 것이다. 처녀자리 은하단의 중심 지역은 거대한 타원 은하들에 의하여 지배되어 있지만, 은하단의 보이는 물질의 대부분은 은하단에 스며들어 있는 뜨거운(천만～일억도) 가스의 형태로 되어있다. 그러나 Smith는 처녀자리 은하단의 검은 비밀을 밝혀내었다. 그는 Zwicky가 머리털자리 은하단에서 수행하였던 것과 같은 계산을 처녀자리 은하단에 수행하였을 때, 그것은 빛나는 질량보다 놀랍게도 100배나 더 많이 암흑물질을 포함하고 있고 이 물질은 아마도 은하들 사이에 놓여 있는 것 같다고 결론을 내렸다.

virial 정리는 암흑물질에 대한 매우 직접적인 논거였다. Zwicky의 머리털자리 은하단에서의 작업 이후로 이와 동일한 기술이 많은 다른 은하단에 적용되었고 비슷한 결과들을 산출하였다. 그것이 우주의 특성에 대해 서광이 비추는 것과는 달리, 오히려 천문학자들은 그것이 더 깜깜하며, 미스터리한 장소인 것을 알게 되었다. 사실상 천문학자들은 여전히 Zwicky의 원조보다 별반 다르지 않은 이론을 사용하고 있다.

3.9 Oort와 Zwicky 사이의 비교

지난 25년 전까지, Zwicky가 제시한 문제가 훨씬 더 극단적이었음에도 불구하고 Zwicky가 제시한 것보다 Oort가 제시한 암흑 물질에 대한 논쟁이 많은 천문학자들에 더 많은 영향을 주었던 것 같다. 이것은 두 천문학자의 개성의 차이로 인한 것으로 생각되어진다. 이 두 위대한 인물 사이에 대조는 그렇게 뚜렷하지 않았었다. Oort는 그 시대에 가장 탁월한 네덜란드(아마도 세계적으로)의 천문학자로서 그의 동료 천문학자들로부터 많은 사랑과 존경을 받았었다. 반면에 Zwicky는 그의 동료 천문학자들의 깊게 지지받는 과학적 신념들에 - 이 신념들이 무엇이든지 간에 - 동의하는 것을 좋아하지는 않는 성미 급한 사람이었다. 간단히 말해서 그는 자극적이었으며 상대방을 화나게 하였다. 그러나 아마도 또 다른 설명은 빛나는 물질보다 50배나 더 많은 암흑물질이 있어야 한다는 Zwicky

의 결과들은 천문학자들의 상상력을 왜곡시켰다는 것이다. 지난 50년 동안이나 모든 천문학자들은 Zwicky의 결과를 알고 있었음에도 불구하고, 그것들이 요구하는 결론을 받아들이기 보다는 무시하는 것에 더 편안함을 느꼈다.

1930년대 말엽에, 천문학 사회에서 두 주요한 인물이 우주의 많은 부분이 암흑 물질로 구성되어 있음을 주장하였다. 그리고 암흑 물질에 관한 주제가 40년 정도 동안 휴면상태에 있었던 반면에, 빛나는 물질과 관련이 있는 전 세계적으로 주요한 천문학적 발견들과 이슈들은 탁월하였다. 이것에는 우주의 기원에 대한 정상 상태(Steady state) 이론과 빅뱅(Big Bang) 이론의 형성과 지속적인 경쟁 상태인 것과 그리고 펄스, 전하은하, 우주에서 가장 빛나는 물질인 퀘이사의 발견도 포함 된다. 퀘이사는 매우 멀리 떨어진 은하들의 활동적인 핵이다. 그것들은 너무 멀리 떨어져 있어 우주에서 가장 오래된 물체들 중에 하나이다. 그것은 또한 무지무지하게 밝으며 초거대 은하 백 개를 모아놓은 것보다도 더 많은 에너지를 방출하고 있다.

블랙홀들과 초단파 배경복사(빅뱅의 잔재)가 예언되었고 또 발견되었다. 그것들은 중요하기 때문에, 이 모든 발견들은 우주에서 물질의 지배적인 형태에 대한 연구를 회피하게 하였다. 그리고 나서 1970년에 한 발견이 암흑 물질에 대한 흥미를 재 점화 시켰고 그것에 기름을 부은 듯이 1980년대 말까지 전 세계의 천문학자들은 개개 은하들에서 암흑 물질에 대한 상세한 분석들을 실행하였다. Oort는 암흑물질이 은하수의 원반 안에만 잠복해 있다고 제시한 반면에, Ken Freeman 과 그 외 사람들은 은하들이 회전하는 방식을 측정하기 위하여 전파 망원경의 관측들을 사용하였고 **암흑 물질이 은하수를 포함하여 모든 은하들을 완전히 빙 둘러 싸고 있는 거대한 공륜 안에 존재한다는 최초의 증거를 발견하였다.**

CHAPTER

04 어두운 공륜(halo)

4.1 암흑물질 공륜들을 측정하는 방법

Oort, Lindblad 그리고 Stromberg는 별들의 운동을 연구함으로써 은하수의 회전을 발견하였다. 은하수 원반에 수직으로 별들이 운동하고 있는 Oort의 나중의 관측들은 그에게 은하수의 질량을 측정하게끔 허용하였고, **우리 은하수의 원반이 암흑 물질을 포함하고 있다는 잘못된 결론으로 – 우리가 지금 그렇게 생각함 – 그를 이끌었다.** 그러나 다른 은하들에서는 어떠한가? 그것들은 얼마나 무게가 나가는가? 그것들은 암흑물질을 포함하고 있는가?

다른 은하들은 너무나 멀리 떨어져 있어서 그것에서의 별들의 운집은 초대형 망원경 외에는 모든 망원경들에게서 성운들처럼 보인다. 그래서 그것들에 있는 개개의 별들의 관측을 통하여 그것들의 질량에 대한 의문에 답하려고 하는 것은 질문 밖의 문제이다. 우리는 그 대안이 필요하다. 만일 그것이 나선은하이면, 그때는 그 대답은 꽤 쉽다; 즉 모든 별들은 다소간 단 하나의 질량으로서 회전하고 있기 때문에, 은하들이 얼마나 빨리 회전하고 있는지 측정하는 것과 그것을 다 함께 붙들어 놓는데 필요한 중력 질량이 얼마인지를 계산하는 것은 가능하다. **이것은 유명한 안드로메다은하인 은하 M31에 대해서 1939년에 Horace Babcock 에 의하여 최초로 시도 되었다. 그는 은하의 가장자리 주위의 여러 장소에서 Doppler 편이를 측정하기 시작 했다.** 그리고 나서 이것들을 회전 속도를 나타내는 은하의 평균 운동과 비교하였다. 그러나 물론 은하의 가장자리의 관측 속도를 운동에너지로 전환 시킬 수 있는 것은 은하의 물리적 크기에 대한 지식을 요구한다. 이것은 지구로부터의 거리와 겉보기 크기에 의존한다. 더구나 빛나는 물질의 양을 결정하기위하여, 또한 그것의 거리에 의존하는 은하의 밝기를 아는 것이 필요하다. **Babcock이 관측을 하였을 때는, M31까지의 거리가 잘**

알려져 있지 않았었다. 그가 그것의 거리와 그래서 그것의 크기를 적게 평가한 결과로서 중력 질량 대 빛나는 질량의 비가 50이라는 결론으로 그를 이끌었다. 이것은 잘못된 것으로 알려져 있음에도 불구하고 그는 적어도 올바른 방향으로 이끌었던 것이다.

4.2 보이는 원반 너머; 21cm 선

Babcok과 그와 동시대 사람들은 은하들의 보이는 원반에만 국한하여 관측하였지만, 얼마 되지 않아 암흑물질의 문제는 이 범위 한도를 넘어서 확장되었다. 이 시대까지는 모든 관측들은 스펙트럼의 가시광선영역에 국한하여 스펙트럼선들의 편이를 이용하여왔다. 그 이유는 단순하게 다른 파장 대에서 우주를 관측하는 능력이 그 당시에는 존재하지 않았기 때문이다. 그러나 단원 2에서 말하였듯이, Oort가 한 주요한 기여 중에 하나는 네덜란드의 전파천문학을 발전시킨 것이었다. 즉 **중성 수소의 21cm선의 존재**를 예견한(1951년에 발견되었다) 사람이 바로 Oort의 학생 중에 한 사람인 Henk van de Hulst라는 것을 기억할 것이다. 이 선은 다만 전자기 스펙트럼의 가시광선 영역에서 보다는 전파 영역에서 발견된다는 것을 제외하고는 말이다. 그리고 그것은 별 자체로부터 나오기 보다는 별들 사이의 공간에 있는 중성 수소가스로부터 나온다. 전파 스펙트럼과 가시광선 스펙트럼은 전자기 스펙트럼이라 불리는 연속체의 한 일부분이다. 그것들은 물리학의 동일한 법칙들을 따른다. 그러므로 전파스펙트럼에 있는 스펙트럼선들도 시선 방향을 따라 움직이는 운동에 의하여 야기되는 Doppler 편이를 동일하게 경험한다. 21cm **스펙트럼선이 별이 아니라 은하 안이나 주위에 있는 수소가스에 의하여 생산된다는 사실은 실제적인 이득을 준다. 그것은 전파 천문학자들에게** Doppler **편이를 측정할 수 있게 하여 은하의 다른 부분들, 거기에 별들이 있든지 없던지 상관없이 수소가스가 중성이나 원자의 형태로 존재하는 한, 운동을 측정할 수 있게 해준다.**

이런 종류의 작업이 오스트렐리아의 Telescope Compact Array 같은 기구를 가지고 행하여졌다. 은하의 수소의 지도는 은하에서 여러 다른 지역들에서 방출되는 전파들의 모든 도플러 편이들을 생산해 내었고, 이 편이들은 수소를 포함

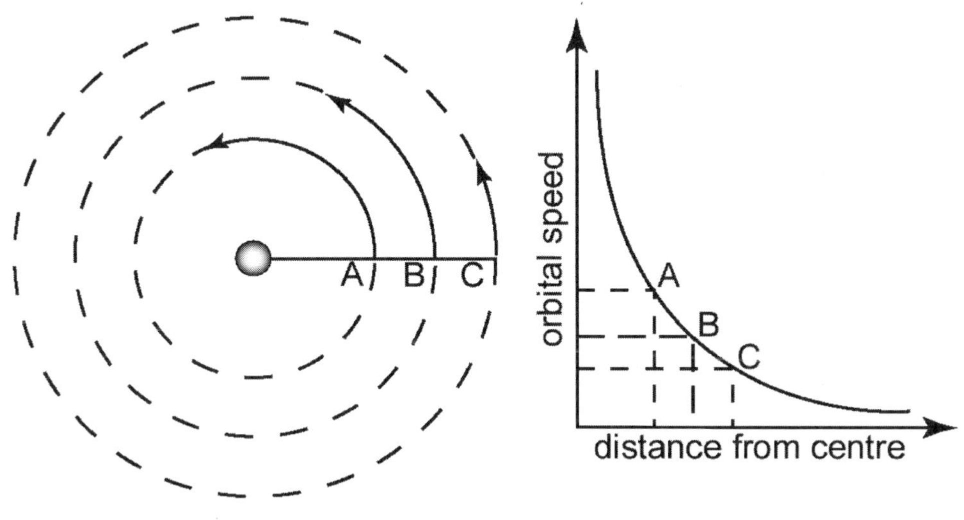

▌그림 4.1 회전 곡선 뒤에 잇는 원리. 회전계의 중심으로부터 더 멀리 떨어진 물체들은 – 그것이 태양계던지 혹은 은하던지 – 그 계안에 남아있기 위해서 그렇게 빠르게 회전하여서는 안된다. 그 결과로써, 그 계의 중심으로부터 떨어진 거리에 대한 그것들의 회전궤도 속도의 도형은 예언되어지는 비율처럼 밖으로 나갈수록 감소하면서 평탄하여져 간다.

하고 있는 은하의 모든 곳에서의 매우 정확한 속도들을 측정 하는 데에 사용할 수 있었다(관측되는 수소를 포함하는 은하들의 대부분은 나선 은하이거나 불규칙 은하들이다).

은하에서 눈과 맞닥뜨리는 것이 아무것도 없다면, 은하의 최외각 지역에 있는 별들과 가스(더 중요함)는 중심에 더 가까이 있는 별들보다 더 천천히 여행하여야 할 것이다; 즉 은하의 중심으로부터 더 멀리 떨어질수록 중력에 의한 인력은 더 약해진다. 그래서 물질들은 안으로 향하는 인력에 저항하여 그렇게 빨리 움직일 필요가 없다. **중심으로부터 거리에 따른 은하들의 회전 속도의 그래프는 '회전 곡선'이라고 알려져있다.** 암흑물질이 없다면 은하의 회전 곡선은 한번 정점을 형성한 후, 그리고 나서 점차 떨어질 것이다. 이것은 은하의 회전 속도는 은하의 가장 자리 밖으로 나가면 나갈수록 더 떨어진다는 것을 가리킨다. 이것은 Oort가 1930년대에 우리 은하수에서 발견하였던 원반이 지역에 따라 각기 달리 회전 한다고 말했던 것과 같다. 모든 사람들이 생각하였던 것은 은하의 회전

곡선이 놀라움을 주지 않는 것이었다. **사실상 1960년대 동안 많은 회전 곡선들은 나선 은하들의 안쪽 부분에서 발견되는 이온화된 가스를 관측함에 의한 광학적(가시광선) 기술을 사용하여 측정되었다. 그래서 이 회전 곡선은 은하의 더 바깥 부분에는 도달하지 못한다. 그러나 실제적인 놀라움은 21cm 데이터가 나타나기 시작할 때 까지 나타나지 않았다는 것이다.**

4.3 문제의 최초의 사인(sign)

완전히 다른 어떤 것을 연구하던 중에 Freeman은 은하들이 모든 사람들이 생각해 왔던 방식으로 회전하지 않는다는 것을 발견하였다. 나선 은하들은 매우 특징적인 빛의 분포를 가지고 있다. 빛의 양은 중심에서 가장 자리로 갈수록 지수 함수적으로 감소하고 있다. (지금까지 아무도 그 이유를 모른다.) Freeman은

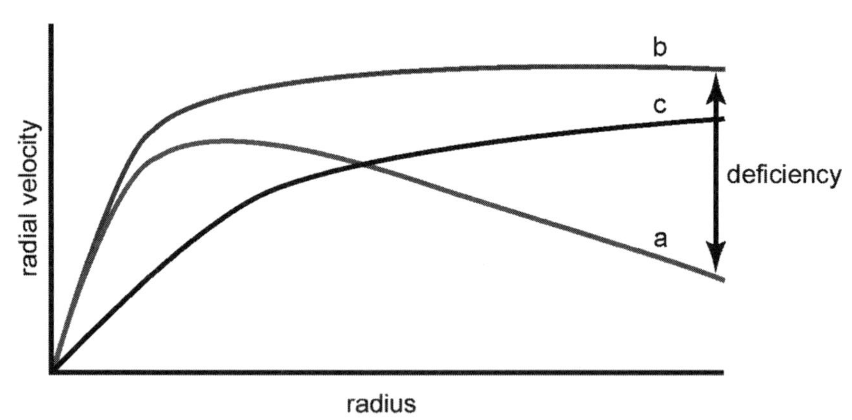

▌그림 4.2 은하수에 대해 예측되는 회전곡선과 관측된 회전곡선의 도표 a)별들과 가스들만으로부터 예상되는 회전곡선 b)은하수의 관측된 회전곡선 c)관측된 회전곡선을 얻기 위하여 암흑공륜으로부터 요구되는 부가물들. 은하수의 중심으로부터 아주 멀리 떨어진 별들은 예상되는 것보다 더 빠르게 움직이고 있어 평평해진 회전 곡선을 초래한다. 이것에 대한 유일한 설명은 은하수를 둘러싸고 있는 암흑 물질 공륜이며, 그렇지 않으면 별들이 정상적으로 궤도 비행할 것인데 암흑 물질 공륜으로 인하여 이보다 더 빠르게 별들을 회전하도록 끌어당긴다. 은하수의 중심으로부터 태양이 위치한 거리에서, 별들은 초당 평균 220km로 회전하고 있다.

그런 은하의 회전곡선이 어떠할지를 분석적으로 결정하고, 그것을 그 당시 이용할 수 있는 회전 데이터와 비교하였다. **은하들의 회전 곡선들은 수소 가스(이것은 종종 은하에서 보이는 가장자리 너머 훨씬 더 멀리 뻗어 있다)가 뻗어있어 있는 곳까지는 측정되어질 수 있다.** 그래서 회전 데이터의 끝이 도달하는 그 시점에서, 마지막으로 측정한 반경 내에 있는 질량을 측정하는 것은 가능하다.

1970년에 다른 은하들의 회전에 대한 관측들은 지상에서는 좀 빈약했다. 그러나 Freeman은 **그에게 흥미를 일으키기에 충분한 것을 발견하였다.** 3**개 내지** 4**개의 은하들의 회전곡선은 은하들이 별과 가스 외에 아무 것도 은하를 구성하고 있지 않다는 가정에 기초를 둔 회전곡선 형태와 좀 달랐다. 사실상 그것들은 예상되는 곡선들과 잘 맞지 않았다. 이것은 별들과 가스의 속도들이 중심에서 떨어진 거리에 따라 떨어지지 않고 오히려 어떤 경우에는 물질이 더 빨리 움직이는 것 같이 보였다!** Freeman 무엇인가 명확히 잘못된 게 있다고 지적하는 논문을 발표하였다. **그가 제시하였던 명확한 설명은 이 은하들은 보이는 물질보다 안 보이는 물질이 상당히 더 많이 포함하고 있다는 것이었다 – 그러나 원반에서는 아니다.** 그것은 별들과 가스를 넘어 훨씬 바깥에 빛나는 은하들을 완전히 둘러싸고 있는 암흑 물질의 공륜 안에 있어야 했다. 동시대에 영국과 미국에 있는 연구 그룹들도 안드로메다 은하에 대한 새로운 21cm선 관측에 의해 뭔가 잘못된 것이 있다는 견해를 지지하였다.

4.4 은하의 막대 구조들을 억제하는 것

Freenan 이 발표한지 얼마 되지 않아, 또 다른 아이디어가 또 그 주제에 관하여 천문학자들의 생각을 자극하였다. 그것은 Oort의 작업과 같이 암흑물질 문제와 그렇게 관련이 없는 것으로 지금은 믿어지는 이론이다. 그러나 그 시대에는 그것은 천문학자들을 암흑물질에 관하여 심각하게 생각하게끔 자극하였다. 단원 3에서 Hubble은 은하의 형태에 따라 은하들을 분류하였다고 언급하였었다. 나선은하들 중에 약 1/3정도가 강한 중앙의 막대들을 - 막대나선 은하들 - 보여주는 것으로 그 당시에는 믿었었다.

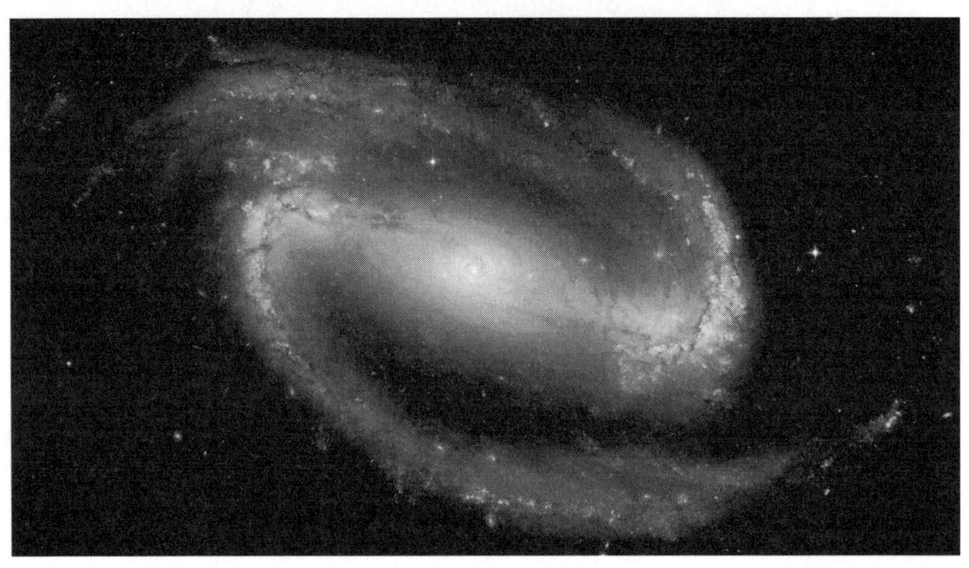

그림 4.3 막대 나선은하 NGC 1300의 가시광선의 상. 우주에서 나선은하들 중에 75% 즉 약 2/3는 막대은하들이다. 그 이유는 은하 중심을 가로지르는 안정적인 막대 구조 때문이다. 많은 나선은하들에서 막대가 결핍되어 있는 것이 한때는 암흑물질 공륜의 결과인 것으로 생각되었지만, 지금은 그것이 은하 중심에서 별들의 무작위 운동으로 인한 것이라고 알려져 있다. (Pat Knezek, WIYN Consortium Inc, NASA, ESA 그리고 Hubble Heritage Team (STScl/AURA)의 호의)

1973년에 프린스턴 대학의 두 천문학자 - Jeremy Ostriker와 James Peebles - 가 왜 그렇게 소수의 나선 은하들이 막대를 발전시키는지 그 이유를 설명하려고 시도한 논문을 발표하였다. **다른 말로 말해서 무엇이 대다수의 은하들이 막대를 형성 발전시키는 것을 방해하는가?** 그런데 그 시대에 사람들은 나선 은하들의 컴퓨터 시뮬레이션을 시작하였고, 그것들의 모델들은 매우 종종 중앙의 막대들을 성장시킨다는 것을 알았다. 별들은 그들 상호간의 중력으로 이끌려 서로 간에 매달려 있기를 좋아한다. 그리고 그것들의 모이려고 하는 특성은 전염성이 있다. 심지어 별들이 모인 작은 덩어리는 별들을 더 끌어 모아 좀 더 큰 덩어리가 되려고 한다. 그 덩어리들은 중력 불안정성으로 인하여 점점 더 성장한다. 그리고 은하가 막대를 가진 형태로 몰아가는 것은 바로 이 불안정성이다. 그리하여 단순하게 이 구조가 별들이 균등하게 원반에 분포 하는 것보다 좀 더 안정적인 구조인 것이다.

그 당시에는 천문학자들은 얼마나 많은 은하들이 실제적으로 막대를 가지고 있는지를 알지 못하였다(현재 약 2/3가 갖고 있다는 것을 알고 있다). 그래서 남아있는 은하들이 왜 막대들을 가지고 있지 않는지 그들은 의문을 품었다. 대부분의 은하들이 막대를 가지고 있지 않다고 믿었기 때문에, Ostriker와 Peebles **는 나선은하가 막대은하로 발전하는 것을 방해하는 한 방법은 은하가 매우 거대한 암흑물질의 공륜에 의하여 둘러싸여 있기 때문이라고 하였었다.** 이것은 은하의 형태에 영향을 주는 별들 중력의 영향을 감소시킬 수도 있다. 사실상 별들은 암흑공륜에 의하여 결정되어 있는 형태의 윤곽을 그려내는 실험입자들과 같다고 볼 수 있다.

지금은 막대 형성을 억제하는 다른 방법들이 있다는 것을 깨달았다. 한 가지 방법은 원반의 안쪽 부분에 있는 별들의 무작위 운동을 증가시키는 것이다. 그래서 원반 내에 있는 모든 별들을 원의 형태로 단정하게 회전 운동시키는 대신에, 별들의 무작위 운동들이 중심 쪽으로 증가되어질 수 있다. 이것이 실제로 일어나는 것이다. 그리고 1980년대 동안 Stromlo 산 천문대와 Groningen 대학의 Freeman과 그의 동료들은 우리 은하를 포함하여 몇몇 은하들의 원반 내에 있는 별들의 무작위 운동을 측정할 수 있었다. 그 이후로 다른 천문학자들도 다른 나선은하들에서 유사한 측정을 수행하였다. **그 결과는 속도의 산포도(dispersion) – 무작위 정도 – 가 은하의 중심 쪽으로 꽤 높았다. 막대 형태 형성에 저항하면서 그것들을 안정시킬 수 있는 것이 바로 이것이다.** 대부분의 은하들에서 암흑 공륜이 은하들의 바깥 지역의 구조와 행동양상에 매우 중요하다는 것을 지금은 우리가 알고 있다. 즉 은하들의 안쪽 지역들은 별들의 중력 영향에 의하여 지배를 받는다. 그래서 **Ostriker와 Peebles가 결론을 내린 것 – 은하들은 암흑물질 공륜에 의해 둘러싸여 있다 – 은 올바른 것이었다.** 그러나 올바른 이유에 대한 것은 아니었다. 이러한 방식으로 진리에 이르는 것은 매우 질서 있거나 계획된 것 같지 않음에도 불구하고, 그것은 과학에서 종종 발생한다.

1970년대는 암흑물질 과학이 발전한 흥분되는 시기였다. 암흑 공륜에 관한 그들의 아이디어 후속으로, **Ostriker와 Peebles 그리고 그들의 동료** Amos Yahil **은** 은하들의 질량에 관하여 그 당시에 통용될 수 있었던 동역학적 증거를 모았다. **그것은 그들로 하여금 우리 은하수와 같은 거대 나선은하들은 그 당시 일반적으로 생각되었던 것 보다 훨씬 큰 약 10^{12}태양질량을 실제로 가져야 한다는**

견해로 이끌었다. 그것들의 증거는 Morton Roberts와 Arnold Rots가 측정한 가까이 있는 3개의 은하(M31, M81, M101)의 중성수소 회전곡선, 서로 간에 돌고 있는 은하 쌍들의 운동 그리고 은하들의 작은 그룹에 대한 virial 질량 평가들 등등을 포함한다. 그들의 논문은 1974년에 발표되었다. **그들의 데이터는 상당히 기본적이었음에도 불구하고, 은하들 주위에 있는 암흑 공륜에 관한 아이디어들의 발전에 하나의 실제적인 이정표가 되었다.** 그들의 질량 평가는 30년 후 오늘날에 우리가 달성할 수 있는 최상의 평가에 가깝다. 과학에서 종종 일어나는 것처럼, 다른 사람들도 동일하게 생각하였었다. 같은 해에 에스토니아에서 Einasto와 그의 동료 Kaasik과 Saar도 또한 유사한 논의로 나선 은하들은 매우 무거워야 한다고 결론을 내렸다.

4.5 21cm의 한계까지

1970년대 동안 워싱턴에 있는 **카네기 연구소의 Vera Rubin과 그녀의 동료들은 나선 은하들의 매우 질 높은 광학적 회전곡선들을 축적하고 있었었다.** 그 회전곡선들은 종종 평평한 회전곡선으로 나타났다(만일 은하의 중력장이 별에서만 나온다면, 회전 곡선은 증가하는 반경과 함께 떨어질 것으로 기대된다). **평평한 광학 회전곡선이 (그것들이 은하 중심으로부터 충분히 먼 곳까지 도달하지 못했기 때문에) 암흑물질에 대한 확정적인 증거를 거의 제공할 수 없음**에도 불구하고, 이들 데이터는 사람들로 하여금 그 문제에 관하여 계속 생각하게끔 하였다.

그러나 실제적인 확증은 **1978년**에 Groningen에 있는 Kapteyn 연구소에 일하던 Albert Bosma**의 박사논문의 발표**와 함께 나왔다. Westerbork의 전파합성 망원경을 사용하여 **그는 약 20개의 나선 은하들에 대한 21cm 회전곡선들을 축적하였다. 그리고 이 회전 곡선들의 거의 모두가 21cm 데이터 가장 자리까지 평평하다는 것을 보여 주었다.**

그래서 1970년대 말엽에는 큰 문제가 생겼음이 명백해졌다. 즉 그것은 다음과 같다. 중력에 대한 전체 뉴턴의 식이 잘못 되었거나 (나중에 알게 되듯이, 몇몇

그림 4.4 Westerbork 전파 합성 망원경 (천문학 탐구를 위한 네덜란드 재단의 호의)

사람들에 의하여 심각하게 받아들여진 아이디어이다) 혹은 은하들이 암흑물질의 거대한 공륜에 의하여 둘러싸여 있다는 것이다. 그러나 문제는 여전히 더 커진 것 같다. **회전 곡선들은 수소 가스가 뻗어있는 한도까지의 은하 회전속도를 단순히 나타내는 것이다. 아직 탐지되지 않은 훨씬 많은 물질이, 탐지되는 수소가 있는 가장자리 너머에 존재할 수 있는 상당한 가능성이 있다. 그래서 의문이 아직 남아있다. 즉 암흑물질 공륜이 얼마나 멀리까지 탐지되어질 수 있는가? 그리고 은하의 수소 원반 너머까지 탐지할 수 있는 어떤 방법이 있는가?**

4.6 21cm 한계를 넘어서

나선은하에서 수소의 분포를 측정해 볼 때, 그것은 상당히 뚜렷한 가장 자리를 갖고 있는 것 같다. **수소의 밀도는 수 kpc으로 측정되는 규모에 걸쳐서 서서히 떨어진다. 그리고 마지막 kpc 정도에서 뚝 떨어져서 사라진다.** 이것이 발생하는 이유는 수소가 거기에 없다는 것이 아니라 단순히 우리가 그것을 볼 수 없기 때문이다. 그래서 왜 수소가 갑자기 보이지 않게 되었는가? 아마도 그것은 자외선에 의해서 이온화되었기 때문일 것이다. 자외선 광자가 수소 원자와 충돌할 때, 수소 원자는 양의 핵(한 개의 양성자)과 음의 전자로 분리 된다. 이 자외선의 기원은 수수께끼이다. 그러나 두 가지 명확한 가능성이 있다. 하나는 깊은 우주 공간에 있는 퀘이사에서 생산된 상당히 많은 양의 자외선이 있다. 그러나 이런 방식으로 그것이 얼마나 많이 생산될 수 있을 지에 대한 상당히 강한 한계가 있다. 이것은 올바른 대답이 아닌 것 같다. 또 다른 가능성은 대부분의 나선 은하들의 안쪽 지역에서 상당히 많은 양의 별 형성이 진행되고 있어 이것이 상당한 양의 자외선을 생산해 낸다.

은하의 바깥지역들에 있는 수소가 어떻게 은하중심에 있는, 별을 형성하는 지역들에 의하여 영향을 받을 수 있는지 의문이 들지 모른다. 은하들은 매우 평평하다. 그래서 바깥 지역에 있는 수소들은 은하들 중심에 있는 별을 만드는 지역들을 똑바로 뒤로 쳐다볼 수 없다. 그 이유는 단순하게 자외선을 흡수하는 많은 먼지들이 더 가까이 있기 때문이다. **은하들의 거의 평평한 특성에도 불구하고, 은하의 바깥지역들은 조금 위로나 아래로 휘어 있어 평평하지 않다. 그 이유는 수소 원반이 종종 앞창이 늘어진 소프트 모자(Slouch hat)의 챙 같은 모양을 하고 있기 때문이다.** 영국-오스트렐리아 공동 천문대의 Joss Bland-Hawthorn이 지적하듯이, 이것은 은하 가장자리에 있는 수소가 별이 형성되고 있는 은하의 안쪽 지역을 좀 더 직접적으로 바라 볼 수 있도록 해준다. **이 굽어있는 것(warping)은 1/4 세기동안 알려져 있었다. 그리고 별들의 면(plane)의 굽음(warping)은 드물지만 수소 층의 굽음은 통상적이다. 그리고 모든 은하들은 굽어 있다는 것이 지금은 알려져 있다.**

무엇이 이 굽음을 야기 시켰는지에 대한 아이디어가 있음에도 불구하고, 아무도 그것이 왜 발생하는지에 대한 확신이 아직 없다. 예로서, 암흑물질의 공륜이 조금 평평하여 대칭에서 더 선호하는 평면을 가지고 있을 수도 있다. 만일 이 평면이 은하에 있는 별들의 평면과 평행하지 않다면, 그것은 은하의 바깥 지역에 있는 수소를 그것 쪽으로 끌어당기는 경향이 있을 것이다. 그리하여 암흑물질이 더 높은 곳에서는 별들 평면의 위로, 암흑물질이 더 낮은 곳에서는 그 평면 아래로 당겨질 것이다. 그러나 그것은 천문학에서 고전 동역학의 수수께끼들 중에 하나가 남아 있다. 위대한 지성들 중 몇몇이 그것에 도전 하였지만, 그것은 아직 해결되지 않고 남아 있다.

그 기전이 무엇이던지 간에, 수소가 은하 중심에 별이 형성되고 있는 지역과 시선 상에 있다는 아이디어는 다른 어떤 설명들보다 양적으로 더 좋게 작동

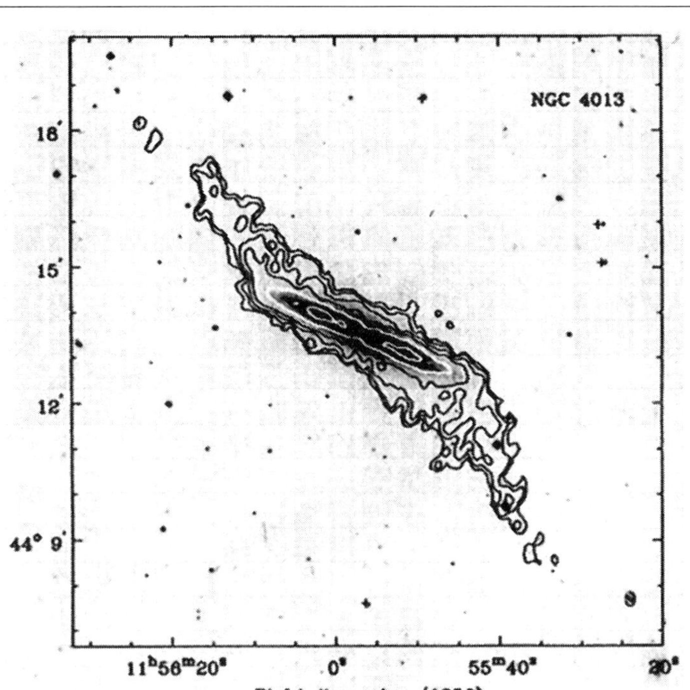

▌그림 4.5 NGC 4013은 거의 가장자리만 보이는 나선은하이다. 중심에 가까이 있는 어두운 greyscale의 상은 광학적 빛을 (음화로서) 나타내고 있다.(그래서 별들과 밝은 지역들은 더 어둡게 보인다.) 광학적 빛은 이 은하에서 별들로부터 주로 나온다. 윤곽선들은 이 은하에서 광학적 상과 중첩되어 중성 수소가스의 분포를 보여주고 있다. 수소가스층은 특히 은하의 외곽지역에서 광학적 빛의 평면으로부터 밖으로 굽어져 있다. 이 은하는 알려진 가장 많이 굽어있는 계(system)들 중에 하나이다. 수소의 관측들은 네덜란드에 있는 Westerbork 전파 합성 망원경을 가지고 R. Bottema와 동료들에 의하여 이루어졌었다.

하고 있다. 그러나 이것 모두가 상당히 새로운 것이며, 이런 저런 의견들이 여러 번 바뀔 것이다.

은하의 바깥 지역에서만 이런 이온화를 겪고 있는지 의문을 가질지도 모른다. 우리가 볼 수 있는 은하 원반에 있는 나머지 수소들은 왜 이온화 되지 않는가? 사실상 전체 은하는 중심으로부터 나오는 상당한 양의 자외선을 받고 있다. 그러나 이 자외선 광자들은 그것들이 사용되기 전에 상당히 이온화 될 수 있다. 만일 한 지역이 수소로 밀도가 높다면, 그 이온화 시키는 광자는 수소 층의 바깥 껍질 부분만 이온화 시키는데 다 사용되어 버리고, 더 안쪽에 있는 수소는 자외선 광자로부터 보호되어 중성 수소로 그대로 머물고 있게 됨으로써 보이는 것이다. 그러나 **은하의 바깥 지역에서는 수소의 밀도가 상당히 낮다. 그래서 자외선 광자의 수가 모든 수소들을 이온화시키기에 충분하다. 그러한 일이 일어날 때, 21cm선에서 볼 수 있는 중성 수소의 양에서 갑작스러운 하강이 있게 된다.**

이것이 가장자리 부분이 그렇게 예리한 이유가 될지도 모른다. 그러나 그것은 또한 전파 망원경으로 볼 수 있는 중성 수소 너머에는 이온화된 수소가 있다는 것을 의미한다. 이제 이 이온화된 수소원자는 언제나 이온화된 상태로 머물지 않고 '재결합(recombination)'이라 불리는 과정을 겪게 된다. 이온 - 수소 핵 혹은 양성자 - 과 전자가 만나면, 그것들은 합쳐진다. 그리고 **그 과정에서 재결합 복사선을 방출한다.** 이것은 중성 수소 원자를 생산해내고, 이 중성 수소는 또 다른 자외선 광자에 의하여 이온화 선들로 나타난다. **이 선들 중에 하나가 (아마추어와 전문 천문학자들 사이에 꽤 유명한) H-알파선이다.** 이 선은 우리가 우주 공간으로 나가지 않고 쉽게 관측할 수 있는 가장 강한 수소선 이다. 은하의

▌그림 4.6 NGC 4013의 가시광선의 상 (C. Howk(JHU), B. Savage(U. Wisconsin), N.A. Sharp(NOAO)/WIYN/NOAO/NSF)의 호의)

가장 바깥 지역들에서 관측되어질 수 있는 H-알파 복사선의 양은 매우 희미하다. 그리고 최근까지 그것은 너무 희미하여 탐지되지 않았었다. 분광 사진술의 발전과 Fabry-Perot **간섭계**라 불리는 기구는 이 이온화된 수소 방출선의 희미한 수준까지 천문학자들이 측정 할 수 있도록 해 주었다.

Joss Bland-Hawthorn과 다른 동료들과 함께 Freeman은 New South Wales의 Siding Spring 천문대에 있는 3.9m 영국-오스트렐리아 망원경으로 그것을 관측하였다. 그들은 전에 중성 수소에 의하여 점령되어 있는 한계를 넘어서 회전 곡선을 밀고 나갈 수 있었다. 그들이 이 기술을 사용하였던 최초의 은하는 거대하고 거의 나선 은하인 NGC 253 이었다. 그리고 그 후에는 이 기술이 안드로메다은하 가까이에 있는 유명한 나선 은하 M33에 적용되었다. 이 방법이 얼마나 멀리까지 밀고 나갈 수 있을지 아직까지 확실치 않다. 그것은 수소가 실제적으로 얼마나 멀리까지 확장되어 있는 가에 달려 있다.

우리는 또한 위성 은하들을 중력장의 추적자로서 사용하여 수소원자의 한계를 넘어 우리의 관측을 확장시킬 수 있다. 그리고 부모 은하 주위로 이 위성 은하들의 무작위 운동은 그것들이 부모 은하 속으로 떨어지는 것을 막아준다. 그래서 부모은하 중심으로부터 수백 kpc 밖의 은하 중력장을 측정하는 데에 그것들의 운동을 사용할 수 있다. Steward 천문대의 Dennis Zaritsky는 이 기술을 개척하였다. **지금은 (우리 은하를 포함하여) 나선 은하들의 공륜은 전형적으로 150kpc(우리 은하의 가시광선에 의한 보이는 크기는 약 30.7kpc이다; 역자 주) 이나 더 이상까지 확장되어 있다는 것이 명확해진 것 같다.**

4.7 타원 은하에서 암흑 물질

나선 은하에 대해서 이쯤 해 두자. 그런데 거대한 타원 은하의 경우에는 어떠한가? 나선 은하는 회전하고 있다. 그리고 그것의 회전 곡선을 연구함으로서 천문학자들은 암흑 물질 공륜의 존재를 유추하였었다. 그러나 타원 은하에서 별들의 운동은 직관적이지 않다. 그런 수동적인 - 즉 회전하지 않는 - 은하들의 질량은 어떻게 측정할 것인가? 타원 은하들의 질량을 측정하는 데에 여러 가지 기술들이 있다. 그것들 중 어느 것도 나선은하에서 적용되었던 기술만큼 직접적이지 않음에도 불구하고, **두 가지 기술이 눈에 띈다.**

그들 중에 하나는 이 타원 은하들의 공륜 안에서 상당히 멀리 밖에 있는 물체들의 운동을 관측하는 것이다. 즉 **첫 번째는 행성상 성운이나 구상 성단들의 속도를 하나씩 하나씩 측정하는 것이고 두 번째의 독립적인 기술은 많은 타원 은하들이 그것의 외곽 지역에 있는 뜨거운 가스로부터 X-선을 방출하고 있다는 사실을 이용하고 있다.** 행성상 성운들은 암흑 물질을 탐구하는데 중요한 역할을 하기에 이 아름다운 물체를 주의 깊게 살펴보는 것은 가치 있는 여담이 될 것이다.

4.8 행성상 성운의 중요성

상당히 무거운 별들이 초신성이라 불리는 장관인 폭발로 짧지만 찬란한 생을 마감한다는 것을 우리는 벌써 알고 있다. 그러나 그러한 별들은 소수이다. 즉 대부분의 별들은 그것들이 평화롭게 시작하였듯이 조용히 생을 마감한다. 거대한 가스와 먼지 구름들 속에서 잉태된 후 수 십억 년이 지난 후, 태양과 같은 별들은 우주 공간을 조용히 퍼져 나가는 유령 같은 구름들에 둘러싸여 조용히 죽는다. 천문학적으로 짧은 순간에, 하늘에 있는 이 아름다운 구름들은 태양 같은 별들의 미래의 생에 대해서 천문학자들에게 가르쳐 주고 있다.

별의 죽음에 대한 우리의 이해에 대한 이야기는 천문학자들이 새로운 세대의 커다란 망원경을 사용하여 하늘을 가로질러 그들의 길을 헤쳐 나가고 있었던 18세기에 시작되었다. 16세기 초에 발명된 망원경은 17세기 중엽까지 작은 렌즈를 가지고 있어 밤하늘에서 단지 가장 가깝고 빛나는 물체들만을 볼 수 있게 하였다. 이 천체 탐험자 중에서 첫 번째는 William Herschel 이었다. 그는 뛰어난 음악가였지만 그의 진짜 열정은 천문학이었다. 집에서 만든 망원경을 사용하여, 그는 새롭고, 미발견의 보석들을 찾아서 하늘을 스캔하였었다. **1781년에 그는 천왕성을 발견하였다.** 그 행성의 좀 정상 궤도를 벗어난 운동이 해왕성의 발견으로 이끌었다. 그래서 이것은 보이는 물질의 행동양상에 기초로 하여 보이지 않는 어두운 물체를 발견한 최초의 예들 중에 하나이다.

천문학자들이 천구를 스캔할 때, 그들은 종종 혹성처럼 보이는 작고 둥근 가스 구름들을 우연히 마주치곤 하였다. 19세기 망원경을 통하여 보았을 때, 이 이상한 물체의 외형은 천문학자들이 새로운 행성이나 혜성을 발견한 것처럼 여기게끔 그들을 바보로 만들었다. 행성 발견을 확증하는 유일한 방법은 의심되는 물체를 쭉 계속하여 주의 깊게 관찰하는 것이다. 왜냐하면 행성은 태양 주위를 돌고 있기 때문에 여러 밤 동안에 배경별에 대해서 움직인 것이 나타날 것이기 때문이다. 반면에 성운들은 별들에 대해서 고정된 채로 머물러 있을 것이다. **이 성운들의 몇몇이 표면싱으로 행성들과 닮아 있기 때문에 Herschel은 그것들을 행성상 성운이라고 불렀다.** 그는 그것들에 매혹되었고, 그리고 **그가 중앙에 있는 희미한 별과 함께 있는 것을 발견하였을 때, 그는 그 성운들이 별 주위를 둘러싸고 있는 가스 구름들이라는 것을 확신하였다.** 그 당시에 별에 관하여 알려진 것이라곤 사실상 아무것도 없었던 것을 고려하면 이것은 대단한 통찰력이다. **2백년 후에 천문학자들은 Herschel의 견해를 확증 하였다. 즉 그것들은 마지막 단계에 있는 별들이었다.**

태양을 포함하여 모든 별들은 초기에는 수소를 헬륨으로 전환시키는 핵융합으로부터 에너지를 끌어낸다. 핵반응은 막대한 양의 에너지를 생산해내고, 그것의 일부분을 빛과 열로서 지구상에서 우리가 받고 있다. 별이 중심 안쪽 깊은 곳에서 만들어진 에너지의 밖으로 향하는 힘은 별의 붕괴하려는 무게에 대항하기에 충분하여 별을 수십억 년 동안 계속 팽창해 있도록 유지한다, 그러나 수소연료의 유한한 공급으로 별의 일생은 제한되어 있다. 태양 같은 별은 그것이 탄생한 후 약 50억 년쯤 지나면 수소 공급이 차츰 줄어들기 시작한다. 줄어든 에너지가 나옴으로 해서, 별의 핵은 자체 중력으로 수축하기 시작한다. 핵에서의 밀도 증가는 별의 에너지 생산을 다시 증가 시키고 별의 외각 층을 팽창시켜 냉각되게 한다. 태양 지름보다 수십 배나 부풀어 오른 별은 적색거성이 되고 태양보다 수백 배 밝게 빛난다. 핵에서 밀도의 증가는 헬륨의 융합으로 탄소와 산소로 변환 반응을 점화시키기에 충분해진다. 반면에 수소가 헬륨으로 변환하는 반응은 핵 주위의 껍질에서 계속된다. 이제 별은 계란과 닮아 있다; 즉 헬륨의 노른자가 수소의 흰자에 의해 둘러싸여 있다. 결국에는 이 헬륨마저도 다 소모 해버린다. 그러나 별은 산소와 탄소를 태워서 더 무거운 원소를 형성하기에는 아직 충분히 무겁지가 못하다. 별의 팽창을 계속 유지해주기 위한 밖으로 향하는 에너지의 분출이 없어지면, 별의 핵은 별 자신의 무게로 붕괴된다. 또 다시 바깥층은 팽창하고 냉각된다. 그러나 이번에는 별이 그것의 원래 지름의 수백 배나 커진다.

그 부풀은 별 내부 깊숙한 곳에 (태양 질량의 반 정도 되는) 죽어가는 핵이 있다. 그리고 그 별의 밝기는 이제 태양보다 수천 배나 더 밝다. 핵으로부터 나오는 흐름은 20km/s로 이동하는 물질의 가느다란 흐름이다. **팽창하는 가스 구름 – 한때는 별의 외곽 층 이었다 – 이 핵에 의한 중력 결합에서 풀려나 우주공간으로 조용히 표류하게 된다.** 가스가 팽창함에 따라 그것은 냉각되고 점점 더 차가워지고 어두워져서 그 안에 있는 별을 감추어 버린다. 그러나 수천 년이 지난 후에, 핵은 여전히 더 붕괴하여 온도가 약 25,000K 까지 올라간다. 별에서부터 밖으로 분출되는 막대한 복사선의 흐름은 주위의 가스를 형광등 내에 있는 가스에 전자가 그것을 통과할 때 작열하는 것과 동일한 방식으로 작열 시킨다. 최대 정점에서는, 중심에 있는 별이 200,000K - 태양의 천 배정도 밝기 - 까지 도달할 수 있다. **중심에 뜨거운 별을 가진 작열하는 가스는 행성상 성운이 되고** 약 100,000년 정도 지속될지도 모른다. **마지막으로 가스는 흩어지고 별은 죽음으로 더 진행하여 백색왜성으로 남는다.** 행성상 성운들이 장관일 때도, 그것들은 우주공간에서 단지 하나의 조각밖에 안된다. 전형적인 행성상 성운은 각 설탕정도의 공간부피 안에 100,000개의 원자를 가지고 있을 지도 모른다. 비교를 위해서, 지금 여러분이 숨 쉬고 있는 공기는 동일한 부피에 10,000,000,000,000,000,000개의 원자를 가지고 있다. 구름이 너무 희박해서 별 내부의 질량 분포에서부터 주위의 성간 매질이 밀도까지 가질 수 있는 어떠한 것이 그것을 이상야릇한 형태로 취하게 한다. 대부분의 행성상 성운들은 대칭적이지만, 그것들 중에 단지 1/10 정도만이 구형으로 보인다.

행성상 성운은 오랫동안 지속되지 못하고, 그것의 가스들은 수 만년 내에 흩어지게 된다. 그럼에도 불구하고, 그것들 외에는 모든 것이 어둡지만 그것들을 보이게 해주는 유일한 특징을 가지고 있다. 중앙의 뜨거운 별 주위에 있는 가스에서 발생하는 물리학은 그 별빛의 약 20%가 단색파장으로 된 밝게 빛나는 방출선 - 특히 가시광선 스펙트럼의 푸르고 녹색 부분인 5007Å의 파장의 이중 이온화된 산소 [OIII]의 방출선 - 을 방출하는 것을 의미하고 있다. 이 단색 파장에서 이 작은 별들은 그것들 주위에 있는 어떤 것보다도 믿을 수 없을 정도로 더 밝다. **이 행성상 성운들은 가까이 있는 타원 은하들의 물질에 대한 표시 부표 역할을 하였다.**

행성상 성운의 대안으로는 구상 성단들이 있다. 그것들을 보려면 큰 망원경이 요구되지만, 매우 밝기 때문에 가까운 타원 은하에서 관측되어질 수 있다. 지금 이것들에 대하여 수행되고 있는 상당한 양의 작업들이 있다. 그리고 그것들이 말해주는 것은 타원 은하들도 또한 어마어마한 양의 암흑물질로 둘러싸여 있다는 것이다. 물론 이 기술들은 별들이 어떻게 움직이는 가에 대한 가정이 포함되어 있다. 그리고 우리는 실제로 그것에 대해서는 잘 모르고 있다. 나선은하에서는 모든 것이 원형으로 움직이고 있어 단순하다는 것을 알고 있다. 그러나 타원 은하에서는 그것들의 움직임이 어떠한지를 정말로 모르고 있다.

두 번째의 독립적인 기술은 많은 타원 은하들이 그것의 외곽 지역에 있는 뜨거운 가스로부터 X-선을 방출하고 있다는 사실을 이용하고 있다. 이 가스들은 회전하고 있지 않고 오히려 단지 무질서한 덩어리이다. 천문학자들은 이것이 은하의 외곽지역들에 있는 별들이 나이가 들어감에 따라 가스를 내팽개치고 있기 때문이라고 생각하고 있다. 그것들의 속도로 인하여, 가스는 성간 매질 속으로 내던져지고 그리하여 가스 구름들을 다른 여러 방향으로 급하게 움직이게 하여 반대 방향으로 움직이는 별에서 나온 가스들과 충돌하게끔 하는 결과를 초래한다. 가스의 운동 안에 포함되어 있던 에너지는 열로서 - 너무나 뜨거워서 X-선이 생산 된다 - 전환된다. **타원 은하들은 종종 이 X-선에서 매우 밝기 때문에, 이 뜨거운 가스 분포가 연구되어 질 수 있고, 그러므로 이것을 보유하기 위해서 무슨 종류의 중력장이 필요한지 연구할 수 있다.**

이러한 방법으로 연구된 많은 타원 은하들은 은하단 중심에 위치한 크고 중심이 되는 은하들이었다. 예로서 처녀(Virgo)은하단에 있는 M87과 Fornax 은하단에 있는 NGC 1399는 초거대 타원 은하이고 그것들은 많은 양의 X선의 방출과 구상 성단들과 행성상 성운들을 갖고 있기 때문에 측정하기에 가장 쉬운 것들이다. 이 방법들 즉, **뜨거운 가스 분포를 살펴보는 것과 구상 성단과 행성상 성운의 운동을 연구하는 것이 완전히 결정적인 것은 아니지만, 그것들 모두는 동일한 결과를 산출하고 있다.**

4.9 암흑물질 공륜의 형태

암흑물질 공륜들의 형태는 미스터리로 남아있다. 그것들은 반이 팽창해 있는 비치볼 같이 평평할 수도 있으며 혹은 구형일 수도 있다. 확실하게 알려진 유일한 것은 어떤 반경 안에 얼마나 많은 질량이 존재하는가이다. 그것은 흥미로운 이슈이다. 왜냐하면 천문학자들이 초기 우주의 시뮬레이션들을 수행하고 동역학적으로 공륜을 건설하였을 때, 이 공륜들은 언제나 조금 평평하게 나타났었다. **사실상 전형적인 공륜은 오히려 한쪽이 넓어나 있다(prolate): 즉 그것은 아주 조금 럭비공 같은 모양을 하고 있다.** 그러나 여태까지 이론을 관측으로 확증하는 것이 매우 어려웠다. Freeman은 그런 시도들에 관여하였었고, 그것은 낙심시키는 과정이라고 증언하였다.

암흑물질 공륜의 형태를 측정하기 위한 가장 초기의 시도들 중에 하나는 **극 고리**(polar ring) **은하**들의 연구와 연루되어 있다. 이 독특한 은하들은 원반에 수직인 평면에 회전하고 있는 별들과 가스의 고리에 의하여 둥글게 둘러 쌓인 다소간 정상적인 원반 은하로 구성되어있다. 전체 157개의 극 고리(polar ring) 은하들이 알려져 있고, 그것들이 어떻게 형성되었는지 미스터리로 남아 있지만, **그것들은 2개의 정상적인 은하들의 융합의 결과일 가능성이 있다.** 주된 은하의 원반은 별이 형성되어지는 가스를 거의 완전히 고갈시켰음에도 불구하고 아직 다소간 눈에 익어있다. 별의 형성은 간혹 중성수소의 수십 억 태양질량을 갖고 있는 수직의 링에서 계속되고 있다.

1983년에 Vera Rubin, Francois Schweizer와 Brad Whitmore는 은하 AO136 −0801의 극 고리 은하에 있는 물질의 속도를 연구한 흥미로운 논문을 발표하였다. 은하의 원반의 경우에서와 같이 극 고리 은하의 회전곡선도 평평하였다. 그래서 극 고리 은하도 은하의 보이는 가장자리를 넘어서 적어도 3배 이상 멀리 확장되어 있는 암흑물질에 의하여 둘러싸여 있다는 결론을 내렸다! 이런 현상의 또 다른 장관인 예는 은하(오히려 한 쌍의 은하) NGC 4650A이다. 이 물체는 서로 간에 파고들은 은하로 구성되어 있어서 그것들은 공동의 중심을 가진 두 개의 거대한 수직 바퀴처럼 보인다.

천문학자들은 서로 반대 방향의 평면에 있는 원반을 가진 이 동일한 중심을 가진 두 개의 은하가 그것들을 둘러싸고 있는 암흑물질 공륜의 형태를 밝혀줄 것이라고 크게 희망을 가졌었다. Freeman은 은하들의 회전 비(rate)를 측정하여 이들 차원에서 힘을 밝혀내고 이들 방향으로 암흑물질의 양을 알아내는 것이다. 이런 초기의 희망들에도 불구하고, 그 결과들은 모호하였다. 그리고 심지어 더 최근의 것이며 훨씬 개선된 데이터를 가지고도 적절히 해석하기가 여전히 어려웠다. 그 이유는 여러분이 보고 있는 것을 생산해내는 또 다른 방법들이 있기 때문이다. 예로서, Magda Arnaboldi와 Francoise Combes가 보여준 것 같이, 어떤 모델들은 평평한 암흑물질 공륜을 생산해내었다. 그러나 공륜은 한 평면이나 혹은 또 다른 평면으로 놓일 수 있다는 것이다. 그래서 어느 설명이 올바른지 결정하는 것이 매우 어렵다.

4.10 수소 원반의 작열(flaring)

천문학자들이 암흑물질의 형태를 결정하려고 시도한 또 다른 방법은 은하의 원반에 있는 수소의 작열을 관찰하는 것이다. 은하에 있는 수소 층은 팬케이크처럼 절대적으로 평평하지 않다. 안쪽 지역은 평평하지만 더 밖에서 수소층은 작열하기 시작한다, 즉 더 두꺼워진다. 그 이유는 아마도 물질의 양 때문인 것 같다. 그래서 원반에 있는 중력의 인력은 더 약해진다. 그 결과로서, **수소의 층은 은하의 바깥층에서 더 두꺼워 진다.** 평평해지는 정도는 암흑물질 공륜의 형태에 대단히 많이 의존한다. 공륜이 평평하다면, 그것은 공륜이 구형일 때보다 은하의 원반 쪽으로 수소를 더 아래쪽으로 끌어당길 것이다. **천문학자들은 은하의 중심으로부터 여러 다른 거리에 따른 작열하는 양으로부터 논의하려고 시도하였다. 처음에는 이 기술이 약속해주는 것처럼 보였다. 그러나 이것도 역시 하나의 해결책 이상도 이하도 아니었다.**

그러므로 천문학자들은 암흑물질 공륜의 형태에 관한한 궁지에 몰려있다. 우주 시뮬레이션이 그것이 올바른지 혹은 아닌지 말해 줄 수 있을 것이다. 그것은 또한 암흑물질에 대한 가장 야심한 연구 중에 하나인 **프로젝트** MACHO(이것에 대해서 나중에 논의 할 것이다)를 가지고는 꽤 실용적인 이슈가 되었다. 왜냐하면 이 프로젝트의 결과들에 대한 해석은 암흑물질 공륜의 형태에 달려 있기 때문이다. 그때까지는, 우리는 암흑물질 공륜들이 존재할 뿐 아니라 은하들의 행동양상을 지배한다는 사실에만 만족해야 할 것이다.

CHAPTER

05 우리는 포위 되어 있다

우리는 천문학자들이 다른 은하들의 암흑물질 공륜(halo)들을 어떻게 측정할 수 있었는지를 보았었다. 그리고 모든 은하들에는 암흑물질이 존재하는 것은 매우 명백한 것 같다. Oort의 최초의 지적에도 불구하고, 은하수의 암흑물질은 원반 내에 놓여있지 않다.(우리가 말하였듯이, 만일 그랬다면 그것이 한 사람의 천문학자보다 더 많은 천문학자들에게 기쁨을 주었을 것이지만) 그러나 암흑물질은 다른 은하들과 같이 단지 공륜 안에만 존재한다. 우리가 어떻게 그것을 알 수 있는가?

5.1 은하수의 회전 곡선

태양은 은하수의 중심으로부터 약 8kpc 정도 떨어져 있다. 그리고 약 20kpc 밖에서는 다른 은하들에 사용하였던 동일한 종류의 회전 측정 기술들이 적용되고 매우 유사한 결과들을 얻었다. 즉 이 거리이상 밖에서는 회전 곡선이 평평하였다(암흑물질 공륜의 명백한 사인이다). **은하수의 중심으로부터 질량과 거리사이에는 개략적인 상관관계가 나타난다. 즉 질량은 반경이 kpc씩 증가함에 따라 100억 태양질량이 증가한다. 그래서 반경 20kpc에 도달하게 되면 직경 40kpc 내에 약 2000억 태양질량을 가지게 된다. 이것은 벌써 우리가 별빛으로부터 계산한 양의 약 3배정도가 되었다.** 다른 말로 말해서 우리는 벌써 은하수에서 많은 양의 암흑물질로 잘 찾아가고 있는 중이다.

5.2 탈출 속도에 대한 논의(공룬안의 별들)

그러나 20kpc 넘어서는 우리는 뜻하지 않는 장애를 맞닥뜨린다. 은하는 회전하고 있기 때문에, 태양궤도 밖에서 보는 모든 것은 우리의 시선을 가로 질러 움직인다. 그리고 사실상 시선 방향으로 움직이는 것은 전혀 없다. 이런 경우에는 별의 운동에 대한 Doppler 편이의 측정은 실제적으로 아무런 소용이 없다. 그래서 은하수 무게를 재는데 다른 방법들을 찾아야 한다. 은하수 내부에 살고 있다는 사실에 비탄에 잠기기보다는 오히려 천문학자들은 그것의 이점을 살렸다.

우리가 실제로 찾고 있는 것은 은하수 주위의 물질(그래서 질량)의 운동을 밝혀줄 20kpc 한계 너머에 있는 표시물들이다. 그래서 그 바깥에는 무엇이 있는가?

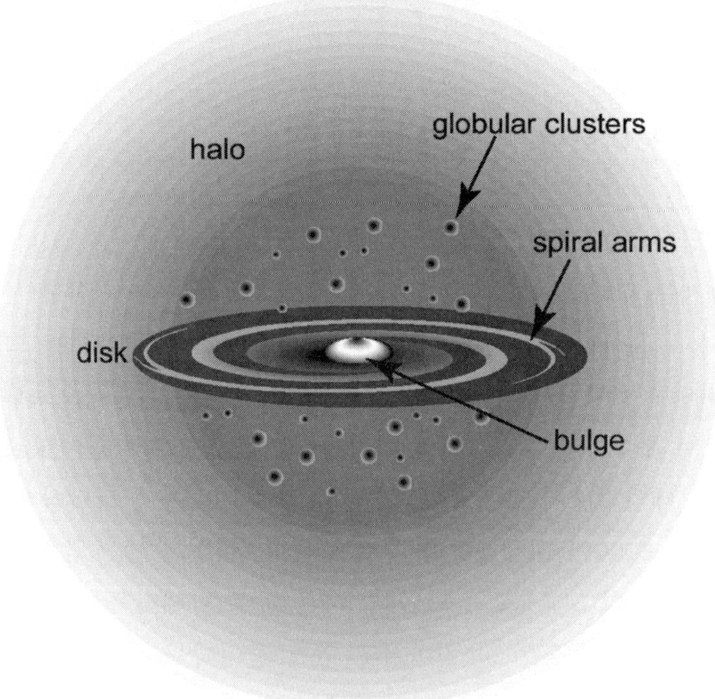

그림 5.1 은하수의 주요한 부분들. 전형적인 나선은하인 은하수는 약 2천억 개 별들의 고향이며, 그것들 대부분은 나선 팔 안에 있다. 은하수의 중심에는 3백만 태양 질량에 해당하는 초 질량의 블랙홀이 있다.

은하수의 별의 공륜, 그러나 이것을 암흑물질 공륜과 혼동해서는 안 된다. 그것은 은하수에 있는 가장 오래된 별들을 포함하고 있는 매우 희미한 빛나는 공륜이다. 그러나 공륜 별들이 있는 공륜 너머 더 멀리에서 찾으려고 하지 말아야 한다. 왜냐하면 극히 소수만이 우리에게 보이기 때문이다. 태양 가까이에 있는 모든 별들 중에 대부분은 원반에 속해 있으며 우리와 함께 단순히 은하수를 돌고 있다. 그러나 공륜으로부터 나온 - 약 1/1000 정도로 - 소수의 별들이 있다.

빛나는 공륜은 거의 회전하지 않는 별들의 모임들이 다소간 구형을 이루고 있다. 원반은 회전에 의하여 유지되는 반면에, 빛나는 공륜은 그 안에 있는 별들의 무작위 운동에 의하여 단지 형태가 유지되고 있다. 공륜의 별들은 한 무리의 벌떼처럼 은하수 주위를 윙윙거리며 매우 빠르게 움직이는 에너지 넘치는 별들이다. 이 무작위 운동들 때문에, 적어도 몇몇 별들은 우연히 태양 부근을 지나칠 수도 있을 것이다. 그것들이 그리할 때, 그것들은 매우 빠르게 통과할 것이다.

이것이 은하수의 중력 질량을 결정하는데 매우 유용한 이유이다. 만일 은하수에 얼마나 많은 질량이 존재하는지 알기를 원한다면, 태양 이웃을 지나치는 가장 빠른 별의 속도만을 단순히 측정하여 그것을 그 계에 계속 묶어 두는데 얼마나 많은 질량이 필요한 지를 계산해 보면 된다. 이것은 '**탈출속도**' 논의로 불린다. 왜냐하면 만일 이 별들이 은하수의 탈출속도 - 그것들이 은하수 중력의 손아귀에서 탈출하는데 필요하게 되는 속도- 에 도달하게 되면, 그것들은 거의 확실하게 벌써 탈출하였을 것이라는 사실에 의존하기 때문이다. 그것들이 빨리 움직이지만 그러나 여전히 가까이 있다는 사실은 그것들이 은하수 중력에 의하여 붙잡혀 있다는 강력한 설명이 될 것이다.

만일 그 별이 은하수의 일부가 아니라 하나의 불청객(interloper)이라면 어찌되는가? 사실상 이것은 가능성이 있다. 암흑물질의 특성에 대한 탐구에서 나중에 보게 되듯이 별들은 은하들 사이에 존재한다. 그러나 한 별이 은하수 원반 내에 있는 태양의 이웃 부근을 통과한다면, 그것은 은하수에 속할 확률이 매우 충분하다는 것을 받아들여야 한다. 그러나 탈출 속도는 단지 은하수의 질량의 하한선만을 제공할 뿐이다. 한 이유로, 이 별들이 매우 빨리 움직임에도 불구하고, 그것들은 여전히 은하수의 실제 탈출속도 이하로 움직일지도 모른다. 약 650km/sec

의 속도를 가진 별들이 태양 이웃 부근을 지나가는 것이 관측됨에도 불구하고, 은하수의 손아귀를 벗어나기 위해서는 사실상 800~900km/sec에 도달하여야 할지 모른다. 그러나 어떤 이유 때문에, 그런 별들은 아직 관측되지 않거나 존재하지 않고 있다. 다른 면은 아마도 은하수에 있는 별들이 너무 에너지가 넘쳐서 그것들이 결코 태양의 이웃 부근을 방문하지 못했을 가능성이 있다. 그래서 이 두 가지 이유로 해서, **탈출 속도의 논의는 단지 하한선만을 제공한다. 그럼에도 불구하고 하한선은 약 3천억 태양질량 - 회전곡선으로부터 결정한 은하수의 질량에서 50% 증가수치- 이다.**

5.3 대물 프리즘은 공륜의 별들을 밝혀낸다

그러나 공륜내의 별들은 최초로 지상에서 어떻게 발견되었는가? 그리고 그것들은 원반내의 별들과 어떻게 구별되었는가? 다행히도, 이것에는 두 가지 방법이 있다. 하나는 가까이에 있는 밝게 빛나는 공륜 별들을 찾는 것이다 - 이것은 특히 좀 더 차가운 별들을 연구할 때, 더 명확해진다. **은하수가 초신성 폭발로 나중에 제조 되어진 무거운 원소들로 어지러워지기 오래전에 공륜 별들은 형성되었다. 그러하기 때문에 그것들은 특별한 화학적 특성을 가지고 있다. 특히 그것들은 금속이 부족하다.** 이것은 그것들이 태양의 것 1/10 이하로 무거운 원소의 풍부함들을 - 칼슘, 마그네슘, 철 등등 - 가지고 있음을 의미한다. 그래서 천문학자들은 많은 별들의 스펙트럼들을 취하기 시작하였고, 매우 약한 스펙트럼 선들을 가지고 있는 별들을 연구하기 시작하였다.

지금은 이것이 '건초 더미에서 바늘 찾기'가 되지 않은 것 같다. Schmidt 망원경을 사용하여, 천문학자들은 한 번에 많은 별들의 스펙트럼들을 취할 수 있었다. Schmidt 망원경은 종종 좀 이상한 원추형을 하고 있다. 즉 주 반사경보다 하늘을 향한 입구가 더 좁아진 형태를 갖고 있다. 그러나 이런 형태의 설계가 이 망원경이 넓은 범위의 시야에서 깨끗한 이미지를 제공해 줄 수 있는 능력을 제공해 주었다. 그러므로 그것들은 상대적으로 짧은 기간 내에 전체 하늘을 탐사하는데 이상적이다. 우리는 앞에서 별빛이 어떻게 스펙트럼으로 분리되어 스펙트럼 선 들로 나타나는지를 보았었고, 그리고 이것은 통상적으로 분광 사진술로 달성된다. 그러나 드문 종류의 별을 발견하기 위해서는, 망원경 전면에 들어맞는 유리 프리즘을 사용하는 것이 좀 더 효율적인 접근이다. 이 '대물 프리즘들'은 너무 크다. 예로서, 영국에 있는 영국-오스트렐리아 공동 천문대의 Schmidt 망원경을 사용한다면, 48인치 구경의 프리즘을 망원경 전면위에 놓아야 할 지 모른다. **대물 프리즘은 별빛이 필름을 찍기 전에 들어오는 별빛을 분리 시켜서 그 결과의 사진은 수 천 개의 별들의 미세한 스펙트럼을 보여준다. 이 각각의 스펙트럼은 별의 화학성분을 나타내고 있다.**

이 결과의 사진에서 금속이 풍부하거나 풍부하지 못한 별들을 구별하는 데에 많은 기술이 있다. 하나는 스펙트럼을 단순히 살펴보는 것이다. 그리고 많은 천문학자들이 그렇게 해 왔었다. 어떤 별들을 놓치지 않기 위하여 사진위에 격자무늬(grid)를 올려놓고, 금속이 부족한 별들을 찾기 위해 하나씩 하나씩 모든 단일 스펙트럼을 단순히 검사하는 것이다. 좀 더 현대적인 방법은 사진 검판에 올라온 스펙트럼의 위치를 찾고 분석하기 위하여 컴퓨터로 처리되는 측정기계를 사용하는 것이다. **어느 방법이든 간에, 금속이 부족한 것으로 의심되는 별이 발견된다면, 좀 더 상세한 스펙트럼을 커다란 망원경으로 취득하고 그것의 특성을 확증하는 것이다.** 실망스럽게도 공륜 별들은 정말로 꽤 드물고, 많은 물체들이 천문학자들에 의하여 찾고 있는 환상적인 먹잇감이 아님을 발견하였다. 그러나 자동화 덕분으로 이 작업은 지금은 매우 쉽고, 현대화는 오랜 시간이 걸리지만 금속이 부족한 별에 대한 천문학자들의 강력한 호기심에 의하여 추진되고 있다.

5.4 고유 운동들은 공륜 별들을 밝혀낸다

공륜내의 별들을 발견하는 또 다른 방법은 그것들이 매우 빠르게 움직인다는 사실을 이용한다. 단원 1에서 논의 하였던 것과 같이 우리의 시선을 가로지르는 별의 움직임은 별의 고유 운동(proper motion)으로 알려져 있다. 이것은 인내가 요구되어지는 오랜 시간 간격으로 동일한 별의 사진 두 장을 비교하여 측정하거나 좀 더 현실적으로 예전에 누군가에 의하여 찍혀진 좀 더 오래전의 사진과 현재의 사진을 비교하는 것이다. 별들의 상대적인 위치를 비교해 봄으로써 빠르게 움직이는 별들을 밝혀낼 수 있다. 즉 하늘의 평면에서 별이 더 빠르게 운동하면 할수록, 그것은 습득된 두 사진에서 더 멀리 움직였을 것이다. 공륜내의 별들 중 몇몇은 하늘에서 1년에 0.5초각(arcsec)이거나 그 이상의 겉보기 운동을 가지고 있다. 이것은 아주 작은 양 - 보름달 직경보다 3,500배 더 작다 - 이다. 그래서 실제적으로 측정하는 것이 쉽지가 않다. 그러나 그것은 체제상 당연히 꽤 큰 운동이고 그것들이 공간상에서 매우 빠르게 움직인다는 사실의 결과이다. 그렇게 겉보기로 빠르게 움직이는 별은 다음 둘 중에 하나를 가리킨다. 즉 그것이 가까이 있거나(별이 가까이 있으면 있을수록, 하늘을 가로지르는 겉보기 운동은 더 빠르다) 혹은 그것이 공간을 물리적으로 매우 빠르게 움직이거나 둘 중에 하나이다. 만일 그것이 후자라면 그것은 공륜내의 별일 가능성이 있고 더 정밀한 조사를 할 가치가 있다.

5.5 공륜 내에 있는 공륜 별들을 찾는 것

태양의 이웃지역에 공륜 별들이 나타나기를 기다리는 것에 인내심이 없는 어떤 천문학자들은 소스(source)를 찾아 가기로 결정하고 빛나는 공륜 안에서 찾기 시작하였다. 하나의 단순한 것이 공륜 내에 있는 공륜 별들을 찾는 것을 어렵게 만들었음에도 불구하고, 그 기술은 가까이 있는 금속이 부족한 별들을 찾을 때와 같은 것이다. 그것들은 매우 멀리 떨어져 있고 그래서 매우 희미하다. **그럼에도 불구하고, 천문학자들은 100kpc 거리까지 떨어져 있는 별을 발견하였다. 그것들의 무작위 운동을 연구함으로서, 은하수의 질량과 암흑물질과의 비율 결정할 수 있다.** 이것은 다시 한 번 더 별들의 압력을 측정하는 것이다. **그러나 이번에는 은하수의 먼 바깥지역에서 행한 것**이고, 또 다시 전체 질량에 대해 어떤 아이디어를 제공한다. 그리고 **그것은 약 50kpc의 평균반경거리 밖까지 약 5000억 태양 질량으로 까지 확장시켰다! 이제 회전 곡선의 논의로부터 결정한 질량(약 2000억 태양질량)의 2.5배 까지 이르게 되었다(5.1절 참고).**

5.6 타이밍 논의

우리 은하수 영역너머에는 은하수의 전체질량의 무게를 재는데 도와주는 또 다른 유용한 도구가 놓여있다: 즉 안드로메다은하이다. 이 거대한 은하 - 국소군(Local Group)에서 가장 크다 - 는 우리 은하와 같이 나선 은하이다. 약 750kpc의 거리에 있는 이것은 은하수에 가장 가까운 큰 은하이다. 그것은 가장자리(edge-on) 시각에서 약 15°의 각도로 기울어져 있기 때문에, 북쪽 안드로메다 별자리에서 계란 형태를 한 성운 모양으로 보인다. 심지어 육안으로도 접근할 수 있는 그런 장관을 갖고 있다는 것이 우리에게는 정말로 행운이다.

안드로메다은하와 은하수는 약 118km/sec로 서로 접근하고 있는 중이다. 방대한 대부분의 은하들이 우주의 팽창에 의하여 서로 떨어지도록 우리들로부터 멀어져 가고 있기 때문에, 지금 고려해볼 때 이것은 좀 특별하다. 그래서 무엇이 안드로메다은하와 은하수를 서로 끌어당기는가? 그 대답은 중력이다. 즉 이것은 질량을 의미하며 그것의 대부분이다. 두 은하는 아마도 같이 태어난 것 같으며, 많은 다른 은하들과 함께 지금은 국소 은하군(Local Group)을 이루고 있다. 안드로메다와 은하수는 의심의 여지없이 원래는 우주의 일반적인 팽창의 일부분으로서 초기에는 분리되는 방향으로 나아갔을 것이다. 그러나 그들의 서로 연결된 중력 당김이 충분히 커서 그것들의 분리를 정지 시키고 그것을 역전시켰을 것이다! **이 엄청난 일을 달성하기에 필요한 두 은하들 사이의 전체 질량을 결정할 방법이 이제는 있다.** 이 기술은 1959년 영국의 천문학자 Franz Kahn과 네덜란드 천문학자 Lodewijk Woltjer(Oort의 또 다른 학생)에 의하여 발명 되었다. 그것은 '**타이밍 논의**(timing argument)'라 불린다. **왜냐하면 그것은 두 은하가 우주의 팽창에 거슬려서 다시 서로에게 끌려오기 시작하는데 얼마나 많은 시간이 필요한지에 대한 가정이 요구되기 때문이다. 다른 말로 해서, 우주에 대한 나이가 가정되어야 한다.** 만일 우주가 나이가 많다면 그 은하들을 돌려세워서 그것들을 서로 끌어당기는데 많은 시간이 있었을 것이다. 이것은 좀 더 적은 질량이 후퇴속도를 역전시키는데 필요하다는 것을 의미한다. 반면에 우주가 젊다면 동일한 사건을 이루기 위해서 시간이 적기 때문에 훨씬 더 짧아진 시간 내에 그것들을 끌어 당기기 위해서 더 많은 질량이 필요하다는 것을 의미한다.

Kahn과 Woltjer가 그 일을 할 때, 우주의 나이를 정확히 안다는 것은 여전히 열외적인 일이었다. 그러나 예로서 우주의 나이를 약 180억년이라고 두자. 이것은 현재 받아들이는 숫자인 137억년보다 오히려 좀 더 길다. 그래서 두 은하의 질량 측정에서 보수적인 평가를 내리게 될 것이다. 이 나이를 사용해서, 두 은하들 사이의 전체 질량은 4조 태양질량임이 판명 되었다. 그 질량에서 우리 은하수 부분의 몫은 반보다도 적은 1조 5천억 태양질량이다. 이것은 회전 곡선에서 결정한 질량의 약 8배 정도 되며 은하수의 빛나는 물질에 의한 질량의 15배이다! 유사한 논의가 또한 서로 접근하고 있는 더 작은 은하들에 적용할 수 있었다. 그리고 놀랍게도 유사한 결과를 얻었다. 말할 필요도 없이 이것은 은하수 시스템에서 암흑물질의 양을 탐지하고 있는 천문학자들에게 좀 더 자신감을 준 것들 중에 하나이다. **은하수의 평평한 회전 곡선을 의미하는 1조 5천억 태양질량의 질량은 100 kpc너머까지 확장되어야 한다.** 이것은 실제로 놀라운 것은 아니다 왜냐하면 빛나는 별의 공륜이 이 정도 거리까지 뻗어있기 때문이다. 그래서 암흑물질공륜도 그와 같을 것이라고 생각하는 것은 합리적이다

이모든 논의를 합쳐 볼 때, 그들은 앞에서 논의한 반경과 질량사이의 관계를 생산해 내었다. 즉 우리 은하수의 경우에 은하질량은 kpc 반경 당 100억 태양질량에 해당한다. 그리고 이 관계는 적어도 100kpc까지는 유지된다. 이런 의미에서 우리가 어떤 다른 은하에 관하여 아는 것 보다 우리 은하수에 관하여 좀 더 잘 알고 있다. 이것은 단순히 우리가 그 안에 살고 있는 이점을 가지고 있기 때문이며, 이를 다른 논의에도 적용할 수 있게끔 허락해준다. 대부분의 은하에서 회전곡선을 측정하는 수소가 고갈되자마자 평가들은 중단된다. 바로 그게 문제이다.

이 모든 것이 의미하는 것은 빛나는 질량에 비해서 우리 은하수의 암흑질량은 적어도 20배 정도가 많다. 그러나 우리 은하수와 같은 평범한 나선은하들에 대한 연구는 그 정도의 숫자만큼은 생산하지 못한다. 그 이유는 단순히 수소가 고갈 되었을 때 모든 질량을 잴 수 없었던 것은 아니기 때문이다. 수소는 별들을 넘어 펼쳐져 있지만, 은하들은 그보다 훨씬 더 멀리 확장되어 있다. 전형적인 나선은하에 대한 회전곡선을 측정하였을 때, 암흑물질 : 빛나는 물질의 비는 1:1 ~5:1 사이에 있다. 그리고 오직 소수의 극한의 경우에 은하수처럼 그 비율이 크

다. 그러므로 은하수는 많은 은하들의 실제 상황을 더 잘 대표하고 있다고 볼 수 있다. 더 작게 회전하는 은하들은 유사한 결과들을 만들어 내고 있다. **그래서 은하들에서 실체 암흑물질 : 빛 물질의 비는 적어도 20:1인 것 같다.**

5.7 마젤란 성운들과 은하 암흑물질

최근에 천문학자들은 은하수에서 암흑물질 비율을 결정하기 위해서 또 다른 가까이에 있는 은하를 사용할 수 있었다. 대 마젤란 성운의 횡 운동을 관측한 후 그것을 우리 시선 방향으로 전에 알려진 운동과 비교함으로서, 천문학자들은 대 마젤란 성운의 진정한 공간 속도를 결정할 수 있었었다. 그 자체가 은하수의 질량에 대한 어떤 것도 밝혀주지는 않는다. 그러나 또 다른 요소가 이 공식에 들어간다. 즉 대 마젤란과 소 마젤란 성운들은 서로 당기고 있는 것이다.

외견상으로, 은하수의 두 개의 커다란 위성 은하인 마젤란 성운들은 평화롭게 그들의 거대한 동반 은하 주위를 돌고 있는 것 같다. 이 크고, 밝으며 아름다운 은하들은 어두운 남쪽하늘을 수놓으며 은하수의 찬란한 원호를 보충하고 있다.

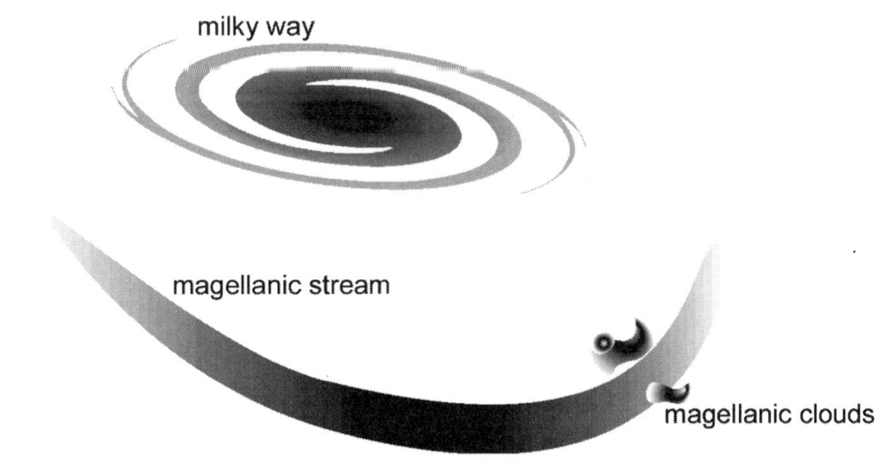

▌그림 5.2 마젤란 흐름의 구조를 보여주는 계략적 그림. 1976년에 발견되었음에도 불구하고 1998년까지 이 흐름의 조수작용 기원에 대한 명확한 증거가 나타나지 않았다: 은하수의 중력이 두 개의 작은 은하들로부터 수소가스를 벗겨내고 있다.

그러나 그것들의 평화로운 외형의 모습은 격렬한 혼돈의 흐름을 감추고 있다. 왜냐하면 그것들은 은하수에 너무 가까이에 있기 때문에 서서히 파괴되어 가고 있는 중이기 때문이다. 그것들의 느리지만 필연적인 소멸의 증거는 그것들이 지나온 자국을 남긴 수소 잔재의 꼬리의 형태에서 나타난다. 이 '**마젤란 흐름**(Magellanic Stream)'은 공간에서 수 만 광년 펼쳐져 있으며 하늘에서 100° 이상으로 펼쳐진 커다란 원호를 그리고 있다.

마젤란 흐름(Stream)은 1976년에 오스트렐리아 천문학자 Don Mathewson에 의하여 발견되었다. 그가 발견하였던 것은 불타고 있는 선박에서 나오는 연기처럼 두 성운 뒤로 꼬리를 남기고 있는 중성 가스의 거대한 흐름(Stream)이었다. 두 은하에서 흘러나오고 있는 그런 거대한 양의 가스의 발견은 심오한 함축된 의미를 갖고 있다. 즉 어떤 의미에서 마젤란 성운들은 죽어가고 있다는 것이다. 수소가스는 은하의 '음식공급'이다. 그것으로부터 별이 만들어지고, 그 별들이 은하에 빛나는 삶을 부여한다. 그러나 별들은 영원히 살지 못하므로 새로운 별로 대치되어야 한다. 그래서 가스의 은하 창고가 없어져 버리면, 새로운 별들을 만들어 낼 아무것도 남아있지 않게 된다. 마젤란 흐름은 마젤란 성운들로부터 고갈되고 있는 가스를 나타내고 있는 것이다. 그래서 어떤 의미에서 그 은하들은 굶어 죽어가고 있는 것이다.

마젤란 흐름은 마젤란 성운들이 파괴되어가고 있다는 명확한 증거인 반면에, 어떻게 이런 일이 일어나는지에 대해서 혼란이 있었다. '**조수작용**(tidal) **논의**'에 기초를 둔 한 이론은 그 흐름은 은하수의 거대한 중력이 마젤란 성운들로부터 물질을 심하게 뒤틀리게 하고 있는 조수 상호작용의 결과라고 제시하고 있다. 또 다른 대체 이론은 **램-압력**(역자 주;고속의 공기가 물체에 부딪침으로써 높아지는 압력) **벗기기**(ram-pressure stripping)라고 알려져 있다. 그것은 미풍에 긴 머리카락 같이 은하수의 공륜에 가득 차있는 희소한 가스를 통과하여 마젤란 성운들이 지나갈 때 성운들에서 나온 가스를 쓸어 가서 그 흐름이 만들어진다는 아이디어에 기초를 두고 있다. 이 공륜 가스는 적어도 70kpc의 거리까지 멀리서 은하수를 둘러싸고 있는 뜨거운 코로나(corona)를 형성하고 있고, 이것은 퀘이사들의 X-선 스펙트럼 연구에 의해서 직접적으로 관측할 수 있다. 최근까지도 대부분의 천문학자들이 어느 이론이 올바른지 결정하기가 어려웠다.

1998년에 돌파구가 생겨서 모든 것이 마젤란 흐름의 기원에 대하여 조수 작용 이론을 확증하였다. 그 발견은 HIPASS(the HI(중성 수소) Parkes All Sky Survey)라 불리는 탐사에서 발생하였다. 이 탐사는 우리 은하수를 넘어 더 큰 규모의 구조를 탐사하기위해 남쪽하늘 전체를 스캔하는 것이었다. 그리고 이를 위하여 64m의 Parkes의 전파 망원경과 Parkes 다중빔 시설(Multibeam Facility)이라 불리는 유일한 기구를 사용하였다. 그런 프로젝트는 전례가 없었다. 왜냐하면 그것은 방대한 양의 관측 시간이 필요하기 때문이다. 한 개의 전파 망원경과 수신기를 가지고 하늘을 가로 질러 한 점 한 점씩 탐사하는 것은 어마어마한 양의 시간이 걸렸었다. Parkes 망원경은 통상적으로 한 번에 하늘의 오직 작은 부분 - 약 보름달의 1/4의 크기 -만 볼 수 있다. 그래서 HIPASS 같은 하늘 전체 탐사는 전과 같이 30년이 걸려야 했었다.

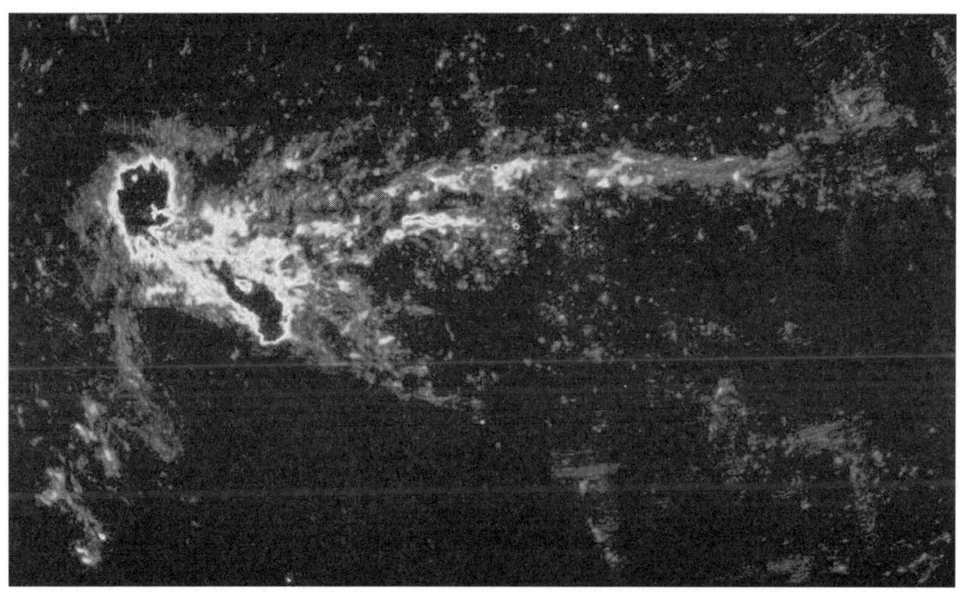

▌그림 5.3 중성수소 21cm 방출선에 보이는 마젤란 흐름. 더 밝은 지역들은 밀도가 더 높은 수소를 보여주고 있다. 사진의 왼쪽부분에 있는 두 개의 커다란 밝은 지역은 대 마젤란 성운(위쪽)과 소 마젤란 성운 (아래쪽)이다. 이 둘은 중성 수소가스 다리로 연결되어있다. 마젤란흐름은 하늘에서 약 150° 정도로 펼쳐져있다.(Mary Putman 호의)

그러나 Parkes Multibeam Facility는 그 모든 것을 영원히 변화 시켰다. 그것을 특별하게 만든 것은 전파하늘의 광범위한 지역들을 볼 수 있는 능력과 여러 파장 대에 놓여 있는 것을 동시에 연구할 수 있는 능력이다. 그것의 넓은 시야의 수용력은 다른 전파 망원경에서 단 하나의 feed만 사용하는 것보다 거대한 접시의 초점에 13개의 feed를 사용한 것에 기인한다. 그리고 그것은 1° 시야에서, 더 많이 퍼진 13개의 점을 볼 수 있다. 이것은 천문학자들에게 정상보다도 훨씬 빠르게 큰 규모의 전파탐사를 수행할 수 있도록 해 주었다. 그래서 30년이 걸렸던 것을 Multibeam Facility는 이 작업을 3년 만에 달성하였다!

Multibeam Facility의 또 다른 특징은 천문학자들이 수십 년 동안 가시광선을 가지고 작업을 해 왔던 것과 동일한 방식으로 전파 물체의 스펙트럼들을 기록하는 능력이다. 그들은 거의 동시에 은하들의 적색편이를 기록할 수 있었다. 그래서 후퇴속도와 연구하려고 하는 은하들까지의 거리도 또한 빠르게 계산되었다. 이 두 가지의 기술혁신의 산물은 급속히 증가하는 은하들의 3차원 지도이다. 그것들 중에는 많은 은하들이 전에는 결코 보지 못한 것들이었다. HIPASS는 은하들의 국소군(Local Grarp)너머에 있는 은하들에 있는 가스를 주로 탐사하였다. 그러나 그 프로그램이 진행됨에 따라, 주된 데이터의 등을 타고서 고향(은하수)에 더 접근한 가스에 관한 방대한 양의 정보가 있다는 것을 알아 차렸다. 특별히 흥미로운 것은 '**고속의 구름들 high velocity clouds(HVCs)**'이라 불리는 빠르게 움직이는 수소 구름들에 관한 데이터였다. HVCs의 기원은 미스터리였다. 그래서 HIPASS팀은 그 현상을 조사하기 위하여 박사과정 프로젝트를 다 함께 모았다. 이것은 Stromlo 산 천문대에 새로운 박사과정 학생, Mary Putman(지금은 Michigan대학의 부교수)의 도착과 일치하였다. 그녀의 논문 프로그램은 HVCs의 분포, 기원 그리고 환경을 더 잘 이해하는 것이었다.

Putman은 이 작업을 하는 동안 뜻밖에 행운의 발견을 하였다. 마젤란 성운들 주위의 지역은 중성 수소를 탐사하기에 가장 흥미로운 지역들 중에 하나이다. 그리고 그녀는 마젤란 시스템에 관한 데이터를 곧 이용할 수 있을 정도로 추리고, 결합시켰다. 그 결과는 풍부한 새로운 정보였으며 하늘에서 **마젤란 성운을 앞서서 달리는 흥미로운 특징 즉 조수작용 이론에 의하여 예견된 마젤란 흐름의 오랫동안 찾고 있던 앞선 팔이었다.**

초기 관측들은 그 앞선 팔이 적어도 약 25° 정도로 길며, Mathewson에 의하여 길게 뻗어 있는 흐름 길이의 약 1/4에 해당하는 길이라는 것이 밝혀내었다. 그것은 뒤따르는 흐름의 약 1/20정도의 전파 밝기를 갖고 있다. 그래서 뒤따르는 여울과 앞선 여울이 동일한 거리에 있다면(확실하게 아는 것은 불가능하다) 이 밝기의 비는 질량의 비와 동등해 진다. 이것은 조수작용 이론에 문제를 제기하지 않는다. 만일 조수 상호작용이 순수한 두 물체의 상호작용이라면 앞선 팔과 뒤따르는 팔은 개략적으로 비슷할 것이다. 사실은 그것이 삼체 상호작용(2개의 마젤란 성운과 은하수)이며, 이론이 예견한 것 같이, 그것이 대칭성을 깨뜨린다.

마젤란 흐름을 설명하기 위한 다양한 조수 이론들이 있다. 그리고 의심할 여지없이 그것들 모두는 앞선 팔을 설명하기 위하여 변형 되어야 할 것이다. 그러나 우리 은하수는 그것들 모두에 관여하고 있다. **이 이론들과 대 마젤란 성운에 대하여 현재 알려진 공간 속도를 취함으로써, 약 50kpc 떨어져 있는 대 마젤란 성운 대 은하수의 질량을 평가하는 것은 가능하다. 그것은 약 2천억 태양 질량 이였다. 이것은 일반적인 평가치 보다는 좀 작지만 빛나는 질량보다 여전히 훨씬 더 크다.** 그리고 그것은 마젤란 흐름이 어떻게 생산 되었는지에 대한 이해에 아주 강하게 의존하고 있다.

5.8 대 마젤란 성운에 있는 암흑물질

대 마젤란 성운도 약간의 암흑 물질을 포함하고 있을 것이다. 그리고 최근의 회전 연구 또한 평평 회전 곡선을 가지고 있음을 제시하고 있다. 그런 연구들은 대 마젤란 성운이 유기적이지 않고 혼잡스러운 그런 시스템이기 때문에 복잡하다. 그것의 회전은 상당히 방해를 받고 있으며, 더구나 그것은 우리 은하수의 암흑 공륜 안에 놓여 있다. 그래서 그것은 우리 은하수 공륜 안에서 그 자체의 암흑물질을 운반하면서 돌고 있다. 이 사실이 혼잡과 불확실성을 제공하고 있다. 간단히 말해서, 그것은 연구하기에는 이상적인 은하가 아니라는 것이다. 작고 불규칙한 은하들에서 암흑 물질의 연구를 할 수 있게 해주는 그런 상호작용에 의하여 누가 되지 않는 유사한 밝기의 많은 은하들이 있다.

은하수와 그것의 환경은 나선은하 그 자체 외에 구상성단들, 두 개의 마젤란 성운들, 한 무더기의 위성 난장이 은하들로 구성되어 있다. 이 목록은 너무 간단하여 불충분하다. 은하수에서 적은 비율만이 빛나는 물질의 형태로 있다면, 우리는 빛나는 물질로 은하수를 묘사하는 데에 더 이상 사용할 수가 없다. 그러나 다음 단원에서 알 수 있듯이, 은하수의 암흑 물질의 양이 높기 때문에, 난장이 은하와 비교해 볼 때 난장이 은하는 아무 것도 아니다. 그러나 난장이 은하의 별들은 암흑 물질의 엄청난 집중의 위치를 나타내는 단순한 표시물들이 된다.

CHAPTER

06 빅뱅의 조각들

6.1 난장이 은하들에 대하여

은하들은 형태와 크기에서 엄청난 다양성을 가지고 있다. 은하의 종류의 한쪽 끝에는 거대한 타원은하이다. 이것은 은하단의 집단 중앙에 거의 독점적으로 위치하고 있다. 이 거대한 거인은 10^{12} 태양질량까지 포함하고 있으며, 200kpc에 이르는 직경을 가지고 있다. 은하수 같은 은하들은 커다란 은하들 중에 아주 일반적이다. 모든 은하들 중 약 1/5을 차지하는 거대한 타원 은하와 비교해서, 나선 은하들은 우주에서 밝게 빛나는 모든 은하들 중에 약 3/4정도를 차지한다. 나선은하들은 별들의 재료인 가스와 먼지가 풍부하다. 반면에 타원 은하들은 주로 늙은 별들로 구성되어 있고 새로운 별들을 만들 재료를 거의 가지고 있지 않다. 나머지 5%는 식별할 수 있는 모양이나 구조를 가지고 있지 못한 불규칙 은하들이다.

물론 이 숫자들은 아직 언급하지 않은 많은 수의 은하들을 배제시켰다. 그것들은 난장이 은하들이며, 그것들이 고려되어 진다면, 그 셈이 달라진다. 이 난장이 은하들(불규칙한 난장이 은하들) 중에 어떤 것은 가스를 가지고 있고, 나선 은하들 같이 별을 형성하는 작은 구역도 가지고 있다. 다른 것들은 거의 가스가 없어 난장이 타원은하라 불린다. 난장이 은하들의 수는 환경에 의존한다. 즉 은하단들 속에는 많이 있고 은하들의 느슨한 그룹에서는 그렇게 많지 않다. 우리 국소군(Local Group)은 전형적인 느슨한 그룹이며 조사에 의하면 4개의 나선 은하들, 거대 타원 은하는 없으며, 20개의 난장이 불규칙 은하들 그리고 약 17개의 난장이 타원 은하들로 되어 있다. 아주 작으며, 가장 일반적인 난장이 은하들 중에 어떤 것들은 관측하기가 힘들고, 심지어 깊은 이미지(deep images)에서도 관측하기 힘들다. 그것들은 많아야 수백만 개 별들을 가지고 있다..... 그러나 많은 암흑물질도 가지고 있다.

6.2 Aaronson의 선구자적 작업

난장이 은하들이 많은 양의 암흑물질을 갖고 있다는 첫 번째 힌트는 Mark Aaronson(그는 1987년 Kitt Peak 천문대에서 4m 망원경으로 관측하고 있는 도중에 끔찍하고 기묘한 사건으로 사망한 위대한 천문학자였다)에 의하여 발견되었다. 그는 작은 은하들에 있는 암흑물질 공륜 분야에서 선구자였었다. **그는 소수의 이 작은 은하들에 있는 별들의 속도를 측정하였다. 이 작업은 그 당시에 매우 어려운 것이었다. 그는 단지 6개의 별들을 측정하였었고 이 별들의 속도 분포가 – 즉 별들의 속도범위, 은하들과 은하단들을 계속 팽창하게 해주는 압력에 대한 기초적인 측정 – 예기치 않게 크게 나왔다.** 천문학자들은 이 결과를 매우 진지하게 받아들이지 않았었다; 결국에는 6개의 별들은 별의 압력 측정을 생산해 내지 못했다. 또한 어떤 천문학자들은 그 별들 중 어떤 것들은 이중성 일지도 모른다고 의심하였다. 두 별들이 이중성 시스템에서 서로 간에 궤도회전을 할 때, 궤도속도가 관여하게 된다. 은하 내에 있는 별들의 운동을 조사하는 동안에, 이중성에 속해있는 두 별들을 측정할지도 모른다. 이중성들은 종종 하나는 매우 밝고, 또 다른 동반성은 희미하여 때때로 잘 안 보이는 수가 많다. 이러한 경우들에서, 이중성의 스펙트럼을 취할 수도 있다. 그러나 단지 더 밝은 별의 빛과 스펙트럼선만 볼 수 있어서 그 별의 속도만 측정한다. 이제 은하 내에 있는 두 개의 이중성 계가 정확히 동일한 속도를 가지고 있다고 가정하자. 그러나 한 이중성계의 밝은 별이 우연히 관측자에게 접근할 수 있고, 다른 이중성계의 밝은 별은 후퇴할 수가 있다. 그러면 그것은 속도에서 큰 차이가 나는 착각을 불러일으킨다. 물론 시간이 지나면 두 이중성의 스펙트럼선들에서 각각의 회전하는 한 쌍의 별들이 더 밝은 별이 우리에게로 더 접근했다가 그리고 나서 후퇴할 때 스펙트럼 상에서 앞으로 전진 했다가 뒤로 물러나는 현상을 나타낼 것이다. 그러나 별들의 운동에 대해 단 한번으로 끝내는 조사에는, 이중성계의 진짜 운동을 반영하지 못하여 커다란 겉보기 운동 차이가 있을 수 있다. 이 논쟁은 수년간 계속되었다. 그러나 요즘에 와서는 가까이에 있는 여러 난장이 은하들에서 수백 개의 이 별들의 샘플들이 있다. 천문학자들은 그것들을 여러 번 측정하였고, 만일 Aaronson이 측정한 별이 이중성이었다면 존재해야할 스펙트럼선의 변화가 없었다. **지금은 이 작은 은하들에 있는 별들이 정말로 매우 빠르게 움직이**

고 있다는 것을 천문학자들은 믿고 있으며 그리고 이것은 암흑물질의 매우 직접적인 징후이다.

6.3 암흑 공륜들의 밀도: Kormendy와 Freeman의 작업

더 최근에 Ken Freeman은 Texas 대학의 John Kormendy와 공동으로 협력하여 난장이 은하들의 기묘한 특성을 밝혀내었다: 즉 **난장이 은하들은 암흑물질을 갖고 있을 뿐만 아니라 그것들 중에 어떤 것은 그것의 작은 크기를 고려하여 볼 때, 비례하지 않는 엄청난 양을 가지고 있다는 것이다.** 두 천문학자는 둘 다 얼마동안 난장이 은하들에 있는 암흑물질 연구에 관여하고 있었었다. 수년 전에 그들은 이 작은 은하들에 있는 암흑물질이 상당히 밀도가 높은 것 같다는 것을 알아차리고서는 각기 다른 밝기를 가진 은하들을 둘러싸고 있는 암흑물질 공륜의 밀도를 정확히 결정하려고 시도하기 시작하였다. 여러 사람들이 다른 방법들로 공륜의 변수들을 측정해놓았었다. 이 작업은 에러가 나는 것의 극히 최소화가 요구되었고 특히 언제나 고통스러운 작업인 은하들까지의 거리들을 결정하는 데에 모순이 없는 방법을 발전시켜 나가야 하는 것을 요구하였다. 그러나 그들이 그 작업을 마쳤을 때, 난잡한 데이터에 의하여 전에 감추어졌던 어떤 상당히 밀접한 상관관계가 나타났다. **그들은 큰 은하들이 오히려 낮은 밀도의 암흑물질을 가지고 있지만 점점 더 작아지는 은하들로 갈수록 더 증가하는 암흑물질의 밀도를 가진다는 것을 발견하였다.**

난장이 은하들은 다양한 형태들을 가지고 있다. 이 작은 은하들 중에 어떤 것은 다른 것들보다 더 많은 가스를 가지고 있다. 만일 그것들이 많은 가스를 가지고 있다면 그것은 불규칙하게 보이며, 별이 형성되는 지역들이 누더기를 덧된 모양으로 보일 것이다. 그리고 만일 그것들이 가스를 가지고 있지 않다면, 그것들은 매우 스무스한 계가 될 것이며, 난장이 구형 은하라고 불린다. 난장이 불규칙 은하들도 회전한다. 그래서 우리가 나선 은하들에서 행하였던 것과 같이 그것들의 공륜 밀도들을 측정하는 것은 꽤 쉽다. 은하수에 있는 난장이 구형 동반 은하들과 같은 것들은 그것들의 무작위 별의 운동에 의하여 지탱되어지고 있다. 그러나 어떤 종류의 난장이 은하인지와 상관없이, **두 천문학자는 그 결과가 동**

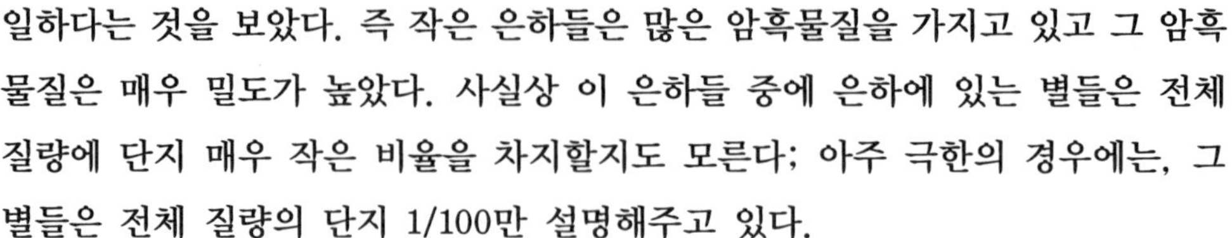

일하다는 것을 보았다. 즉 작은 은하들은 많은 암흑물질을 가지고 있고 그 암흑물질은 매우 밀도가 높았다. 사실상 이 은하들 중에 은하에 있는 별들은 전체 질량에 단지 매우 작은 비율을 차지할지도 모른다; 아주 극한의 경우에는, 그 별들은 전체 질량의 단지 1/100만 설명해주고 있다.

6.4 난장이 은하들의 관측

난장이 은하들을 관측하는 것은 쉽지 않다. 이 작은 은하들 중에 어떤 것으로부터 나온 별빛은 너무 희미해서 - 즉 별들이 수와 집중이 너무 작다 - 그것들은 사진에 거의 보이지 않는다. 그러나 그것들은 매우 가까이 있기 때문에, 천문학자들은 3.9m 영국-오스트렐리아 공동 망원경과 심지어 이보다 더 큰 8m짜리 칠레와 하와이에 있는 망원경을 사용하여 개개의 별들의 속도를 측정할 수 있다.

개개 별들의 속도 결정은 그것들의 개개의 스펙트럼들의 측정을 요구한다. 너무나 많은 별들에 각기 하나씩 망원경을 갖다 대는 것은 시간을 낭비하는 작업이기 때문에, 천문학자들은 한 번에 많은 별들의 스펙트럼들을 측정하는 다중물체 분광 사진술을 사용한다. 가까이 있는 난장이 은하들 같이, 하늘에서 넓게 퍼져있는 물체들에 대해서 광섬유의 시스템이 수십 심지어 수백의 별들의 빛을 분광사진판으로 돌리는데 종종 사용되고 있다. 그리하면 별 빛을 분석할 수 있는 스펙트럼으로 분산시킨다. 이 광-섬유 시스템의 초기 버전에서는, 섬유들의 각각의 한쪽 끝이 망원경의 초점면에 고정되어 있는 황동판에 나있는 구멍에 삽입되어 있다. 각각의 구멍은 개개의 별의 상들이 형성될 판에 정확히 위치해 있었다. 광섬유의 사용은 밤에 천문학 관측의 효율성을 엄청나게 증가시켰음 - 여기서 중요하게 고려하여야 할 것이 망원경을 사용하는 시간의 비용이 더 증가 하게 되었다 - 에도 불구하고, 좋은 결과를 얻기 위해서는 엄청난 준비 작업이 필요하다. 광섬유 끝을 놓는 장소를 알기위해서, 미세밀도측정기(microdensitometer)라 불리는 기구를 사용하여 은하의 사진을 측정하는 것이 종종 필요하다. 이것은 매우 고통스러운 작업이다. 그 작업동안 많은 것이 잘못될 수도 있다. 그러나 모든 것이 올바르게 되려면 그것은 중요하다. 만일 별의 위치가 정확히 측정되지 않는다면, 광섬유가 황동판위 잘못된 위치에 올려지게 되고 아무것도 볼 수가 없다.

미세밀도측정기들은 각각 수십 만 달러의 비용이 드는 보기 드문 정교함을 가진 기구이다. 그것들은 연구하려고 하는 은하의 상을 포함하는 밝은 빛을 유리 사진검판에 비추도록 함으로서 작동한다. 이 검판은 이 빛에 대해서 마이크로미터(μm)의 정확도로 2차원 안에서 움직이게 되어 있다. 그리고 이 검판은 평범한 음화와 같기 때문에, 빛의 밝기에서 어떤 변화에도 별의 상을 나타낸다. 별의 위치가 확증되자마자, 그 판위의 별의 상들의 위치들은 적경(Right Ascension)과 적위(Declination)좌표로 전환된다. 한 때는 오스트렐리아에 이 기구가 두 개가 있었다. 하나는 캔버라 외각에 있는 Stromlo산 천문대에 있었고,

그림 6.1 난장이 구형은하. 그들의 카운터파트(counterparts)인 더 큰 나선은하와 비교해서 훨씬 작음에도 불구하고, 이 은하들은 비율에 맞지 않게 어마어마한 양의 암흑물질을 포함하고 있다.(Stromlo산 과 Siding Sping 천문대 호의)

다른 하나는 시드니의 영국-오스트렐리아 공동 천문대에 있었다. 그런데 불행이도 약 13년 전에 (참고: 이 책은 2006년에 출판 되었다) Stromlo 산에 있던 것이 번개가 건물을 쳤을 때 파괴되었다. 반면에 영국-오스트렐리아 천문대의 것은 단순히 노후되어 기능을 상실하였다. 그 결과로서, 요즘에는 사진 검판을 측정을 위하여 영국으로 보내져야 한다. 이것을 원할히 하기 위하여, 오스트렐리아와 영국 사이에 약정이 체결되었다. Siding Spring에 있는 영국 Schmidt 망원경을 오스트렐리아가 운영하는 대신에, 영국의 천문학자들은 사진 검판의 모든 것을 측정하고 완성하도록 하였다.

광섬유 시스템의 초기 버전에서는, 이 별들의 위치가 조그마한 구멍들이 뚫려있는 직경 40cm, 두께3mm인 원형의 황동판위로 옮겨졌었다. 이 각각의 구멍은 망원경에 올려진 황동판에 예상되는 별의 위치를 나타내는 것이었다. 광섬유가 천문학자들로 하여금 은하에 대하여 정확히 망원경을 위치하도록 하기 위하여, 몇 개의 특별한 큰 구멍들이 밝은 안내 별들의 위치에 드릴로 구멍이 뚫렸다. 더 작은 구멍들의 각각은 보석 가공인들이 사용하는 확공기(reamer)를 사용하여 구멍을 넓혀졌다. 그리고 나서 각각에 하나의 광섬유가 거기에 고정되었다. 그 황동판이 망원경에 단단히 고정되면, 광섬유의 또 다른 끝은 분광기에 부착되었다.

천문학에서 광섬유의 사용은 영국-오스트렐리아 공동천문대에서 선구적으로 시작 되었었다. 그리고 그것의 현재의 구체화는 2dF(the 2-degree multi-fiber spectroscopic survey facility)라 불리는 거대한 탐사기구로 나타났다. 2dF는 초기의 것들과 다르게, 광섬유를 한번 쓰고 버리는 황동판에 수동으로 위치시키는 것이 아니라 로봇을 사용하여 재사용되는 판위에 위치시킨다. 더 나아가 2dF는 망원경이 작동하고 있는 중에도 이 작업을 할 수 있다. 첫 번째 판에 망원경의 상에 400개의 광섬유가 겨누어져 있고, 두 번째 판에는 400개 광섬유의 또 다른 세트가 배치되어 있다. 각각의 판은 모래 시계를 닮은 tumbler라 불리는 회전판의 바깥 면 위에 올려 진다. 관측의 한 세션(session)이 끝나면, tumbler가 회전하여 뒤집어지고 그래서 한 판이 수행된 후 옆으로 비켜나면 두 번째 판이 망원경의 초점면으로 움직인다. 이 두 번째 세트의 섬유들이 작동하기 시작할 때, 원래의 것은 로봇 배치기에 의해서 재배치 된다. 이 모든 것이 3.9m 망원경의 꼭대기에서 일어난다. AAO 스탭들에 의하여 설계되고 **건설된 2dF의 주된 작업 중**

의 하나는 은하들의 적색편이 즉 거리를 지도로 만들어서 우주의 구조들의 3차원 지도를 만드는 것이다. AAO 과학자들과 기술자들이 그들의 노력이 성공적으로 끝남으로 해서, 유럽 남부 천문대가 그들에게 칠레에 있는 8m Very Large Telescope에 광섬유 위치기를 건설해 줄 것을 요청하였다. 이 광섬유 위치기는 지금 작동중이다.

난장이 은하들로 다시 돌아가자. 밤에 망원경이 하늘을 향해 설치될 때, 안내 별이 중심에 놓이고, 천문학자는 관측을 시작한다. 밤새 내내 망원경은 은하의 별들 쪽으로 겨냥해 있다. 그러나 한 번에 오랫동안 노출시키는 것 대신에, 천문학자들은 종종 많은 짧은 노출(30분)을 시킨다. 이 단편적인 접근의 이유는 그것이 그들로 하여금 데이터를 점차적으로 깨끗하게 해주기 때문이다. CCD를 사용할 때 가지고 있는 문제는 그것들이 정보를 더럽힐 수 있는 우주선들에 - 하늘의 모든 방향으로부터 들어오는 고 에너지 입자들 - 당하기 쉽다. 그런 단점들은 많은 짧은 노출들을 결합시킴으로 해서 교정하기에 아주 쉽다. 그것은 많은 양의 고도로 정밀한 준비들이 관여함에도 불구하고, 그 시스템은 아주 잘 작동하고 있다.

그 밤이 끝나갈 무렵에, 그 시스템에 있는 각각의 섬유는 각각 하나의 별의 스펙트럼을 보여줄 것이다. 그 스펙트럼을 연구함으로써, 천문학자들은 알려진 속도를 가진 기준 별과 비교해봄으로써 그 별이 얼마나 빨리 여행하고 있는지 결정할 수 있다. 목표로 한 모든 별들에 이 과정을 반복함으로써 속도 분포의 그림을 만들어 낼 수 있고 그리하여 질량의 양과 분포를 결정할 수 있다.

6.5 난장이 은하들에서 암흑물질

Kormendy와 Freeman은 알려진 가장 밝은 나선은하에서부터 가장 희미한 난장이 은하까지의 범위에 있는 43개의 은하에서 암흑물질의 양을 측정한 것들을 모았다. 그들의 작업은 은하의 밝기(별의 의한)와 암흑물질의 상대적인 비율 사이의 상관관계를 확증하였고 정량화하였다: **즉 은하가 작으면 작을수록, 은하의 보이는 경계 내에 있는 암흑물질의 비율이 더 커진다는 것이다.** 우리 은하수는 큰 은하이다. 그리고 그것의 질량의 90%는 암흑물질이다. 희미하게 분산된 별들을 가지고 있는 아주 작은 은하들에서는 암흑물질이 전체 질량 중에 한층 더 많은 비율을 구성하고 있다. **이 규칙에 예외는 은하의 밝기의 약 20% 정도 되는 중간정도 밝기의 타원은하들이었다.** 그것들의 중심에서 아주 멀리 떨어진 행성상 성운들의 관측들에 기초를 두었을 때, **그것들은 어떤 암흑물질에 대해서 거의 없는 것 같다.**

더구나 은하수 같은 커다란 은하들은 난장이 은하들이 가지고 있는 것보다 훨씬 더 많은 암흑물질의 전체 양을 가지고 있다. (왜냐하면 단순히 그것들이 전체적으로 훨씬 더 무겁기 때문이다.) **난장이 은하에서는 암흑물질이 훨씬 더 집중되어 있다.** 우리는 가장 희미한 난장이 은하들은 거의 어떤 별들을 갖고 있지 않아 거의 볼 수가 없다. 그러나 중앙의 암흑물질의 밀도는 30입방 광년에 약 1태양 질량 - 거대한 은하의 암흑 물질 밀도 보다 백배 정도 더 크며, 태양 가까이 있는 우리 은하수 원판에 있는 별들과 가스의 밀도보다 여러 배로 크다 - 이다. 이 희미한 은하들은 얇은 천(gossamer) 처럼 보일지 모르지만 실제로는 포탄(cannonball)과 같다.

이 상관관계들은 암흑물질이 은하형성에 어떻게 영향을 주는 가에 대한 새로운 통찰력을 제공한다. 특히 그것들은 우리 은하의 밝기에 단지 1/100,000 밖에 안되며, 은하수 주위의 난장이 구형 은하와 같은 알려진 아주 작은 은하들이 무거운 암흑 공륜들을 가지고 있다고 하는 늘어나는 증거를 이해하는 데에 도움을 주고 있다. **천문학자들은 이 작은 은하들에 있는 그런 무거운 암흑 공륜들이 정상적인 것인지 혹은 좀 기이한 것인지 혹은 심지어 우리가 관측들을 해석하는 방법에 실수가 있었는지 알지를 못한다. 새로운 관측들은 난장이 은하가 그것이 난장이 구형 은하이건 가스가 풍부한 난장이 불규칙 은하이건 상관없이 그런 높은 암흑 물질 밀도를 가지는 것은 매우 정상적이라는 것을 보여 주었다.**

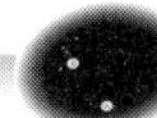

6.6 왜 난장이 은하들은 그렇게 많은 암흑물질을 갖고 있는가?

그런 연약하게 보이는 은하들은 왜 그렇게 많은 암흑물질을 갖고 있는 것인가? 그 답은 희미한 난장이 은하들은 은하가 형성될 아주 초기 시절의 태고의 잔재물들이라는 사실에 있다. 당신이 난장이 은하를 볼 때는, 우주가 매우 매우 오래전 - 아마도 현재 우주나이의 약1/3000일 때이며 매우 밀도가 높을 때 - 이었을 때 우주의 한 부분을 실제로 보고 있는 것이다. 그리고 은하들이 분리되기 시작한 것이 바로 이 시기이다. 더 작은 은하들이 먼저 형성되었다는 이론적 논의들을 우리는 알고 있다. 대부분의 조각들은 서로 뭉쳐서 점점 더 큰 은하들을 건설하였다. 그러나 그 과정에서 많은 양의 궤도비행 에너지가 미성숙한 거대한 은하 속으로 투여되었다. 이것은 모든 것을 밖으로 퍼지게 하려는 경향이 있었고 그래서 밀도는 은하가 성장함에 따라 더 낮아지게 되었다. **우리의 은하수 경우에는 암흑물질 밀도가 난장이 은하들 중에 하나에 있는 밀도의 약1/1000밖에 되지 않는다.** 그러나 모든 난장이 은하들이 거대한 은하들 속으로 흡수되는 것은 아니다. 지금 우리가 보고 있는 작은 은하들은 도망쳐 나온 것들이다. 난장이 은하들의 고 밀도의 설명은 암흑물질이 무엇으로 판명되던 간에 그것은 우주 시작에서부터 나온 거의 확실하게 태고의 물질이다. 이것이 난장이 은하들의 연구를 흥분시키는 연구 분야로 만든 면들 중에 하나이다.

암흑물질의 상관관계는 대부분의 난장이 은하들이 어떻게 형성되었는가에 대한 한 이론과 맞지가 않다. 어떤 천문학자들은 난장이 은하들은 커다란 은하들이 서로 상호작용할 때 생산되는 것으로 가정하였었다. 즉 조력(tides)이 은하들이 서로 지나칠 때 부모은하로부터 나온 가스와 별들의 긴 고리들을 당겨서 이 꼬리들에 있는 가스와 별들의 작은 덩어리들이 중력에 의해 서로 뭉치게 된다. 그래서 그 충돌에서 살아남아 나중에 작은 은하처럼 보인다는 것이다. 기본적으로 이것은 말이 된다. 아마도 그런 방식으로 어떤 난장이 은하들이 형성되었을지도 모른다. 그러나 그것이 난장이들이 형성되는 주된 방식일까? 우리 은하수의 주변이 이런 종류의 조력에 의한 잔류물을 찾기에 좋은 장소이다. 그 이유는 앞 단원에서 논의한 은하수와 대 마젤란 성운과 소 마젤란 성운과의 상호작용이 있기 때문이다. 그러나 조력에 의한 난장이 은하들과 태고의 매우 오래된 난장이 은하들을 구별하는 것은 쉽다. 왜냐하면 커다란 은하들은 낮은 밀도의 암흑 공륜들을 가지고 있어 조력이 벌써 거기에 있는 것을 쭉 늘여놓았기 때문이다. 그래서 조력에 의하여 만들어진 난장이들은 그들이 부모 은하들보다 더 낮은 암흑물질 밀도를 가져야 한다. 우리가 보았듯이, 가장 작은 난장이들은 은하수나 마젤란 성운들보다도 훨씬 더 높은 암흑 물질 밀도를 가지고 있기 때문에 그것들은 단지 조력에 의한 찌꺼기가 아니다. 이것은 난장이 은하들의 수가 큰 은하들이 형성된 이후로 발생하였다면 한정된 수의 은하 충돌과 관련이 없다는 것을 의미한다.

난장이 은하들에서 빛나는 물질 : 암흑물질의 비는, 덜 무거운 은하들이 그것들의 내용물에 대해서 더 약한 중력 결합을 가지고 있다는 사실 때문에, 더 증폭 되었을 것이다. 그래서 난장이 은하 안에서 초신성 폭발로 죽은 첫 번째 별들은 남아 있는 가스를 더 많이 방출하였을 것이다. 그러나 이 폭발들은 암흑물질에게는 거의 영향을 주지 않는다. 그래서 작은 은하들은 별을 만드는 가스를 적게 보유하게 되고, 그 결과로 높은 암흑물질 밀도에도 불구하고 적은 수의 별들을 가지게 되는 것이다.

6.7 발견되지 않은 암흑 은하들의 큰 집단이 있는가?

천문학자들은 작은 은하들이 큰 은하들보다 훨씬 더 많이 있다는 것을 오래 전부터 알고 있었다. 그래서 아마도 아직 발견되지 않는 것이 더 많이 있지 않나 여긴다. 사실상 난장이 은하들의 연구를 준비하기 위하여 천문학자들이 사용하였던 미세밀도측정기들은 또한 이것들을 발견하기 위하여 사용되어질 수 있다. 사진 검판에 존재하는 별들의 위치를 측정하기 위하여, 영국 천문학자들은 별 밀도들의 등고선을 만들 수 있었고 나중에 서로 간에.... 다른 말로해서 은하들 간에 사실상 연관이 있다고 증명된 희미한 별들의 약한 집중들을 인지하기 시작하였다. 가장 작은 은하들은 거의 별들을 갖고 있지 않아서 그것들은 은하수의 별들의 전경(foreground)때문에 보기 어렵고 심지어 발견하는 것은 더 어려웠다. 더구나 더 최근의 난장이 은하의 발견들은 별들의 위치를 분석하는 컴퓨터들의 사용을 통하여만 가능하였다. 인간의 눈으로는 별들 사이에 상관관계를 전혀 알 수가 없다.

이 위성 은하들에게 계층 구조가 있음을 지금에서야 알았다. 그들 중에 어떤 것은 눈에 상으로 보이지만 규모의 또 다른 한쪽 끝에는 사실상 보이지 않는 다른 것들이 있다. 하늘의 사진에서는 그 상들을 컴퓨터로 분석할 때까지 인지할 수 있는 별들의 운집을 밝혀 내지 않는 그런 은하들이 있다. 그러나 별들이 다 함께 공간을 움직이고 있다는 것을 보여주는 별들의 속도를 측정할 수 있기 때문에 은하들이 거기에 있다는 것을 우리는 안다. 점점 더 작은 은하들에 대한 암흑물질 대한 추론의 경향은 **거의 별이 없는 은하들이 존재하며 그 은하들은 거의 모두 암흑물질인 가능성이 있는 것으로 생각되어지고 있다.**

6.8 우리는 무엇을 찾아야 하는가?

그런 암흑 은하들은 수백 광년의 크기와 천만 태양질량 이하의 질량을 갖고 있는 것 같다. 놀랍지 않게도, 그런 물체들은 찾아내기에 정말로 어렵다. 위에서 논의한 것과, **한 방법은 매우 낮은 별 밀도들을 찾기 위하여 컴퓨터로 처리된 조사들을 사용하는 것이다. 또 다른 방법은 수소 가스의 희미한 흔적들을 찾는 것인지도 모른다.** 그런 발견들 중에 촉망되는 것은 지난 단원에서 언급한 HIPASS 조사이다. 다중빔(multibeam) 시스템의 맨 처음 작업들 중에 하나는 은하수 뒤에 있는 은하들을 찾는 것이었다. 그런 은하들은 그것들에서 나오는 빛이 우리 은하수에 있는 가스와 먼지에 의하여 흡수되기 때문에 가시광선 파장에서는 숨어있다. 그러나 21cm 복사선 같은 낮은 진동수의 전파는 은하수를 바로 통과한다. 그러므로 광학 망원경으로 보이지 않는 가스가 풍부한 감춰진 은하들이 Parkes같은 전파 망원경에 의하여 깨끗하게 보일 수 있다. 이것은 넓은 다중스펙트럼 시야를 가진 Multibeam Facility도 함께 사용하여 가스가 풍부한 은하들의 분포 지도를 만들기에 빠르고 효율적인 방법을 제공해 주고 있다.

다중빔 탐사에서 나온 첫 번째 주된 결과들 중에 하나는 광학 망원경으로 전에는 볼 수 없었던 은하수의 반대편에 있는 수백 개의 은하들의 존재의 발견이었다. 이 은하들은 은하수의 양면에서 보이는 구조들과 연합하는 면과 선들을 따라 놓여 있다는 것이 밝혀졌다.

다중빔 탐사로부터 흘러나온 데이터 중에 단지 2%만을 천문학자들이 분석한 후 나타난 결과는 가까이에 있는 우주공간에 많은 수의 난장이 은하들을 발견한 것이었다. 이 난장이 은하들의 대부분은 한번 그것이 찾을 수 있는 지점이 알려지기만 하면, 그래서 하늘의 광학 상들에서 그것들을 찾아보면 볼 수 있는 희미한 목록에도 없는 난장이 불규칙 은하들이었다. 이것은 유용한 발견이었다. **거대한 은하들보다 난장이 은하들이 더 많이 있기 때문에, 난장이 은하들은 어디에도 있는 암흑물질을 포함하여 우주에 있는 물질의 분포를 알 수 있게 해주는 좋은 안내자 일지도 모른다.**

6.9 구상성단에서 암흑 물질의 결핍은 여전히 미스터리

난장이 은하들에 있는 암흑물질의 존재는 중요하면서 여태까지 답이 없는 질문을 하게 한다: **즉 왜 구상 성단들은 암흑물질을 포함하고 있지 않는가?** 암흑물질 문제의 논리적 흐름은 은하의 레벨에서 시작되었다. **그러나 은하들보다 더 작은 규모들에서 암흑물질을 보지 못하는 이유를 천문학자들은 이해를 못하고 있다.** 구상성단들이 암흑물질을 가지지 말아야 하는 명확한 이유가 없기 때문에 이것은 수수께끼이다. **천만 태양질량을 갖고 있는 가장 작은 난장이 은하만큼의 거의 동일한 질량을 가진 구상성단이 전형적인 난장이 은하의 직경의 약 1/10 정도밖에 안된다.** 그것들은 심지어 은하수의 암흑물질 공륜 안에서 유영을 하고 있다. **구상성단들은 가스구름들이 충돌할 때 가스가 높은 밀도로 압축되면서 형성되었던 같다. 그러므로 형성과정은 오직 평범한 물질만 관여하고 암흑물질은 관여하지 않은 것 같다. 이것이 특히 수수께끼이다. 왜냐하면 우리 은하수 안에 있는 구상 성단들의 대부분은 우주에서 알려진 가장 오래된 물체들 중에 하나이며, 거의 전적으로 암흑물질로 구성되어 있는 것으로 우리가 알고 있는 가장 작은 난장이 은하들과 거의 동시대에 형성되었기 때문이다.**

우리는 이제 우주의 암흑물질에 대한 추론에서 제자리로 되돌아오게 되었다. 우리는 은하수의 원반에 암흑물질이 존재한다는 Oort의 겉보기에는 실수한 확인에서부터 시작하여, 은하단들의 엄청난 암흑물질 저장 속으로 항해를 하였고,

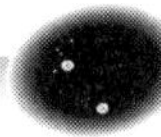

은하수 주위를 둘러싸고 있는 암흑물질로 충만한 난장이 은하들을 탐사하였다. 그러나 우리가 우주의 암흑물질의 내용을 요약하기 전에 탐사에 필요한 암흑물질의 증거의 마지막이며 확실히 장관인 원천이 하나있다: 즉 그것은 중력 렌즈화이다.

CHAPTER

07 우주의 환상들

공동저자 : Warrick Cauch

7.1 중력이 어떻게 별빛을 휘게 하는가?

일반 상대성의 아인슈타인 이론 뒤에 있는 기본 아이디어들 중에 하나는 **공간이란 질량이 있는 물체들에 의하여 뒤틀려질 수 있는 물리적 실체라는 것이다.** 행성들과 별들이 질주해나가는 빈 허공이 아니라, 공간은 이 책의 페이지들 만큼이나 실제적이며 실체가 있는 것이다. 그리고 이 글들이 인쇄되어 있는 종이를 구부리고 접을 수 있는 것같이, 무게가 있는 물체들도 똑같이 공간이란 직물구조를 뒤틀리게 할 수 있다. 예로서 태양은 그것 주위에 있는 공간을 휘게 하여 일종의 함몰 - 중심으로부터 멀어져 가면 갈수록 더 평평하게 되는 경사면을 가진 깔때기 모양을 한 구멍 - 만들어 낸다. 지구가 줄에 매달린 공과 같이 태양에 붙들려 있다기보다는, 그것은 룰렛(roulette)회전 원판주위의 대리석 같은 구멍 가장자리 주위를 회전하며 돌고 있는 것이다.

이것은 - 그때나 지금이나 - 기괴한 생각 이었다. 그러나 영국의 천문학자 Arthur Eddington이 일반 상대성 이론을 들었을 때, 그는 즉시 그것의 중요성을 깨달았고 그 이론이 예견한 것들을 검증할 계획을 세우기 시작하였다. 그 예견들 중에 하나는 단지 **물체는 시공간에서 최소 저항선들을 따라가기 때문에 빛도 그리하여야 한다는 것이었다.** 이것은 그리 새로운 아이디어는 아니었다. 뉴턴 그 자신도 그의 고전이론과 함께 빛이 어떤 커다란 질량을 지나칠 때 휘어질지도 모른다고 예견하였다. 본질적으로 그는 빛을 질량을 가진 입자들로서 취급하였고, 그 입자들이 얼마나 많이 휘게 될 것인지 계산도 하였다. 그러나 중력에 의하여 빛이 휜다는 아인슈타인 예견 뒤에 있는 물리학은 뉴턴이론과 사뭇 다르다.

아인슈타인 아이디어는 설명하기에 충분히 간단하다. 당신이 어떤 중력의 영향으로부터 완전히 떨어진 우주 공간에 있는 우주선 안에 있다고 가정하자. (당신이 공중에 떠다니는 것을 막기 위하여) 우주선의 한 쪽 벽에 당신을 안전벨트로 묶어두었고, 손전등을 들고서 반대편 벽면을 비추고 있다고 하자. 우주선이 정지해 있을 때는 그 빛의 빔은 우주선 반대편으로 직선을 따라 갈 것이고 손전등과 같이 바닥으로부터 동일한 높이의 벽면에 빛이 부딪힐 것이다. 그러나 만일 당신이 로켓 엔진을 점화시키면, 우주선은 가속하기 시작할 것이다. 여기서 빛은 매우 빠르게 여행을 하지만, 그것의 속력은 무한하지가 않다. 이것은 광자가 손전등에서 출발하여 우주선을 가로질러 여행한 다음 반대편 벽면에 부딪히는 시간사이에 우주선은 실제적으로 조금은 움직였을 것이라는 것을 의미한다. 그러므로 광자는 그것이 출발한 높이보다 좀 아래인 바닥에서 좀 더 가까운 위치의 우주선 벽면에 부딪힐 것이다. 벽면으로부터 볼 때, 빛의 빔은 호스의 물의 흐름과 같이 아래쪽으로 휘어지는 것처럼 보일 것이다.

▎그림 7.1 알버트 아인슈타인(이스라엘, 예루살렘의 유대인 국립대학 도서관 호의)

그러나 여기서 중요한 점이 있다. 아인슈타인은 이런 식으로는 표현 하지 않았음에도 불구하고, 그는 공간에서 가속 받는 우주선과 행성표면위에 있는 정지해 있는 우주선 사이에는 절대적으로 차이가 없음을 지적하였다. 중력과 가속도는 구별할 수 없다는 것이다. 이것에서 함축된 놀라운 의미는 손전등 빛이 가속되는 우주선에서 휘는 것과 동일한 방식으로 빛은 중력이 있는 물체에 의해서 휘게될 것이라는 것이다. 이것은 멋진 아이디어이다. 그러나 누가 어떻게 그런 이론을 증명할 수 있을까? Eddington은 심지어 매우 큰 중력장의 존재에서도 그 변이는 매우 작을 것임을 알아차렸고, 그래서 그는 가까이에 있는 가장 무게가 나가는 물체, 즉 태양을 이용하기로 결정 하였다. 손전등 대신에 그는 별들 자체를 이용하기로 결정하였다. 이론에 의하면, 태양과 함께 시선 방향을 따라온 배경 별들의 빛은 휘게 될 것이고 천구의 환상처럼 그것의 겉보기 위치가 이동

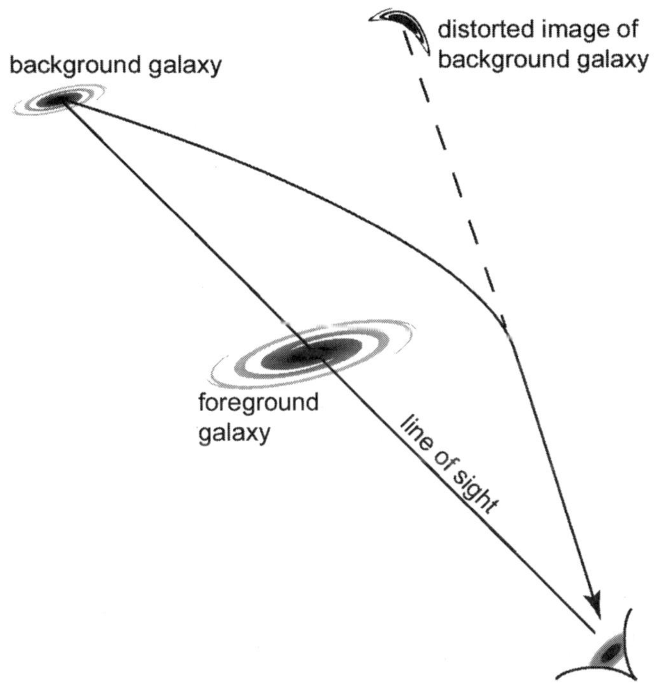

▌그림 7.2 일반상대성이론에 의하면, 멀리 떨어진 발생원으로부터 나온 빛은 전방에 있는 물체의 중력에 의하여 휘어질 수 있다. 이것은 1919년 아더 에딩턴에 의하여 최초로 관측되었다. 그러나 그 이후로 가까이에 있는 은하들에 의하여 더 멀리 있는 은하상들의 왜곡 같은 찬란한 예들이 나타났다.

할 것이다. 그 변이의 양은 아주 작을 것이다 - 태양 가장자리 가까이에서 단지 약 2초각 정도이다. 이것은 이 문장의 전체 길이를 100m 정도 떨어진 거리에서 보았을 때와 같은 크기이다. 그러나 태양에 그렇게 근접해 있는 별들을 어떻게 볼 것인가? 그것들은 낮에 하늘에서는 정상적으로 보이지 않는다. 그러나 달이 태양을 완전히 가리는 완전 개기 일식 동안에는 어두워진 하늘을 배경으로 별들을 볼 수 있게 될 것이다. 이것이 Eddington으로 하여금 태양 가까이에 있는 별들을 사진 찍고, 그런 다음 그것들의 알려진 고정된 위치와 그것의 겉보기 위치를 비교하게 하였다.

Eddington은 1919년에 완전 개기 일식을 관측하기 위하여 두 개의 탐사 팀을 조직하였고 그 자신도 한 팀을 이끌고 아프리카 서부해안 부근에 있는 Principe라는 섬으로 갔다. 또 다른 탐사 팀은 북 브라질로 보내졌다. 두 탐사는 개기 일식을 볼 기회들을 향상시키기 위해서 적절히 배치되었다. 한 팀이 개기 일식동안 흐린 날씨를 만나게 될지라도 또 다른 한 팀은 깨끗한 하늘을 기대하였다. 그러나 두 팀 다 깨끗한 하늘을 만났다. 두 팀으로부터 보내진 개기 일식 사진을 측정하였을 때, 태양 가까이에 있는 별의 상들의 변이가 아인슈타인이 예견한 것과 거의 동일하였다.

Eddington은 1919년 11월에 그의 결과들을 대중들에게 보고하였다. 그것들은 아인슈타인 이론에 대한 확고한 증거로써 발표되었다. 언론 매체의 헤드라인은 '아인슈타인 이론 승리들'과 '과학자들... 개기일식 관측에서 야단법석' 라고 보고하였다. 별빛은 휘어졌으며 아인슈타인은 유명해졌다. 그러나 오늘날 이 관측들의 결과들을 살펴보면, 그것들은 간신히 요건을 만족시키는 것 같다. 왜냐하면 그 변이들이 크기는 사진 필름의 측정에서의 에러와 동등하기 때문이다. 그러나 그 이후로 좀 더 정확도를 가지고 관측들은 반복되었으며 아인슈타인 명성은 실제로 정당하였다. 이제는 그 아이디어가 친숙해졌다: 즉 **시공간은 물질에 의해서 휜다. 빛은 시공간의 곡률을 따라간다.** 일반적으로 그 곡률은 아주 작다. 그래서 밤하늘의 별들과 행성들의 상들은 정상 상태(steady state)이며 변하지 않는 것으로 보인다. 그러나 무게가 있는 물체와 멀리 떨어져 있는 빛의 소스 사이의 정렬이 충분히 가까우면, 그 변이를 볼 수 있을 것이다.

7.2 중력 렌즈화의 메커니즘

빛의 경로를 바꾸는 육중한 물체들의 능력은 암흑물질 탐사에서 굉장히 중요한 도구 역할을 제공한다. 즉 그것은 중력 렌즈이다. 만일 멀리 떨어져 있으며 빛을 내는 물체와 그리고 중간에 개입한 중력 물체와 우리가 일직선상에 있고 적당한 거리로 떨어져 있다면, 멀리 떨어져 있는 물체의 상은 왜곡되고 확대될 것이다. 이것이 일어나는 방식은 평범한 돋보기가 광선을 초점에 모으는 방식과 유사하다. 만일 그것이 빛 한줄기를 휘게 할 수 있다면, 그것은 또한 여러 다발의 빛을 휘게 할 수 있으며 그것들 모두를 초점으로 가져 갈 수 있다. 그리고 만일 당신이 초점에 위치하면, 배경 물체의 확대되고 뒤틀린 상을 얻게 될 것이다. 확대가 중력으로 유발되기 때문에, 빛을 휘게 한 중간에 개입한 물체를 중력렌즈라 부른다.

중력 렌즈화는 무엇보다도 먼저 질량과 기하에 대한 의문을 제시한다. 광선이 어느 한 질점으로부터 약간 떨어져 지나친 후 계속 진행하여 초점에 이르게 되는 가장 단순한 경우에서, 그것이 휘게 되는 각도는 단순히 그 물체의 질량과 광선이 얼마나 더 가까이 접근하여 지나치는가에 달려있다. **그 휘는 정도는 그렇게 크지 않기 때문에 낮은 배율의 돋보기 렌즈가 긴 초점 거리를 가지고 있는 것과 마찬가지로 중력렌즈를 이용하여 주어진 지점에 상을 맺게 하려면 매우 긴 거리가 필요해진다, 즉 천문학적 거리가 말이다.** 최적의 조건은 우리와 렌즈 그리고 배경 광원 사이의 거리가 동일할 때이다. 이것이 잘 일어나지 않을 것 같은 것은 만일 우리가 렌즈에 너무 가까이 있거나 렌즈가 배경 광원에 너무 가까이 있다면 우리는 중력 렌즈화 효과를 볼 수 없을 것이라는 사실이다. 그러나 그 거리가 천문학적으로 길고 - 즉 우리와 배경 물체사이의 거리가 10억 광년이상의 거리 - 또한 그들 사이의 비율이 극한적이지 않다면, 우리는 관측할 수 있는 효과를 보게 될 것이다.

7.3 아인슈타인의 반경

정상적으로 먼 물체와 중력 렌즈 사이의 정렬은 완전하지 않다. 볼 수 있는 최상의 것은 물체의 뒤틀린 원호 모양의 상들이다. 그러나 만일 어떤 멀리 떨어져 있는 물체와 한 점의 질량 그리고 우리 자신들 모두 일직선상에 놓이게 되는 완벽한 상황이 이루어지면, 그 렌즈화 효과는 중력 렌즈에 중심을 둔 완벽한 고리를 생산할 것이다. 그 고리의 반경은 아인슈타인 반경이라 불린다. 대부분의 중력렌즈들이 완벽하게 정렬하지 않지만 그럼에도 불구하고 개개의 원호들의 아인슈타인 반경은 측정되어질 수 있다. 왜 이것이 중요한가? **아인슈타인 반경은 렌즈의 질량과 관련이 있다. 그래서 원호의 크기와 형태로부터 아인슈타인 반경을 측정함으로써, 그 반경 내에 포함되어 있는 렌즈안의 질량의 양을 측정하는 것은 가능하기 때문이다.** 암흑 물질을 탐사하는 데에 이것의 함축된 의미는 명백하다. 잠시 후에 그것들에 대해서 알아볼 것이다.

아인슈타인 반경은 중력 렌즈화에 관한 고전적 책들에서 꽤 알려져 있다. 하늘에서 초각(arcsec)으로 관측이 전환될 때, 관측될 수 있는 어떤 것이 있을까? 하는 것이 의문이었다. (간략히 언급하겠지만) **MACHO 프로젝트의 경우에, 아인슈타인 반경을 구할 수 있는 별의 질량 정도의 중력 렌즈들과 배경 별들(점광원)이 관여된 사건들은 마이크로 초각으로 측정 된다 – 그래서 '마이크로 렌즈화 현상(microlensing)' 이라 불린다.** 초각 그 자체는 너무 작아서 거의 볼 수가 없다. 그러나 그것이 빛이 증폭되지 않는다는 것을 의미하지는 않는다. 이것이 MACHO를 찾기 위해서는 정교하게 설정되어야 하는 이유이다: **즉 망원경에 도착하는 광선이 더 많으면 정상적으로도 렌즈화 현상이 없이도 그런 일이 발생할 지도 모른다.** 다른 말로 말해서, 더 밝은 상을 가지게 된다. **은하단의 경우에는, 아인슈타인 반경은 수 초각에서 20초각정도가 된다.** 왜냐하면 관여된 먼 거리들과 은하단에 있는 커다란 질량들 때문이다.

7.4 렌즈화 사건들의 가능성

우리가 언급했듯이, 주어진 광원-렌즈-관측자 기하의 경우에, 하늘에서 우리가 보는 렌즈화의 양은 단순히 렌즈화 시키는 물체의 질량(그것이 적절히 치밀한 것을 제공하는)의 함수 이다; 즉 물체가 더 크면 클수록, 중력에 의하여 유발된 뒤틀림의 양은 더 커진다. **암흑물질을 탐구하는데 흥분시키는 면은 변이되는 양이 질량 하나에만 의존하기 때문에, 중력 렌즈의 질량을 단지 변이의 양을 측정함으로서 간단히 결정할 수 있다는 것이다. 이 방법의 아름나움은 질량을 결정하는 데에 가정들이나 이론들이 요구되는 다른 요소들에 의해서 복잡하지 않다는 것이다.** 그것에 관하여 의심의 여지가 없다. 일반 상대성은 주어진 질량에 의해 기대되는 휘는 정도의 양을 정확히 제공해준다. 물론 기하(광원과 렌즈 그리고 렌즈와 관측자 사이의 거리)를 아는 것이 반드시 필요하다는 요구가 평가절하 되어서는 안 된다!

어떤 질량이던지 빛을 휘게 할 수 있다. 그러므로 중력 렌즈로서 행동을 보여줄 수 있다. 그것은 단순히 휘어진 것을 볼 수 있느냐의 문제이다. 이것이 천문학이 들어와야 하는 이유이다. 작지만 그러나 관측할 수 있는 굴절을 야기 시키는 태양 같은 매우 가까이에 있는 물체들이 있다; 더 멀리 나아가서, 우리 은하수 안에 있는 별들이 그들 뒤에 있는 별들로부터 나온 빛을 휘게 할 수 있다. 이 모든 경우들에서 중요한 요소는 배경 광원과 전경의 물체가 우리 시선에 둘 다 가지런히 놓여야 하거나 매우 가까워야 한다. 은하수의 별들에 한정하면, 우리는 더 멀리 떨어진 배경 물체를 별들의 흐릿함을 통하여 본질적으로 보게 된다. 더구나 전체 은하수는 움직이고 있다. 그래서 그것의 개개의 별들은 일정하게 하늘을 가로질러 지구에서 볼 때 매우 천천히 움직이고 있다. 시야에서 가로질러 표류하고 있는 매우 많은 별들에서 적어도 그들 중에 몇 개가 더 멀리 떨어진 물체와 일직선상에 배열 하는 기묘한 일들이 일어날 수 있다.

그림 7.3 허블 우주 망원경이 Abell 1689로 알려져 있는 매우 무거운 은하단들 중에 하나인 은하단의 중심을 보여주고 있다. 은하단의 1조개의 별들(더하기 암흑물질)의 중력은 공간에서 2백만 광년 넓이의 렌즈 역할을 하고 있다. 이 중력렌즈는 그 뒤에 멀리 떨어져있는 은하들의 빛을 휘게 하여 확대시키고 있다. (N. Benitez(JHU), T. Broadhurst(Hebrew 대학의Racah 물리연구소), H. Ford(JHU), M. Clampin (STScl), G. Hartig(STScl), G. Illingworth(UCO/Lick 천문대), ACS과학팀과 ESA)

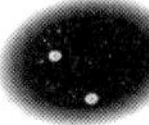

7.5 암흑물질을 측정하기 위하여 중력 렌즈화를 이용하기

더 멀리 떨어진 예들 소위 두 개의 은하단이 일직선상에 있게 되면, 상황이 달라진다. 사실상 단원 3에서 언급 하였듯이 Einstein과 Eddington은 이 기이한 현상은 두 은하단이 아주 멀리 떨어져 있어야 하기 때문에 비록 그것이 좋은 아이디어이지만 (1936년에 Einstein이 중력 렌즈화 아이디어를 발표하였음에도 불구하고) 그것은 사실상 실용적인 가치가 없다고 생각하였다. 반면에 Zwicky는 퀘이사 같이 아주 멀리 떨어진 물체와 함께, 한 은하가 동일한 시선 방향으로 놓인다면 중력 렌즈화 현상을 볼 수 있을 것으로 추론하였다. 퀘이사는 매우 밝기 때문에 일반적으로 평범한 은하들보다 훨씬 더 먼 거리에서도 볼 수 있으므로 그것들은 밝은 배경 광원을 구성할 수 있다. 단원 3에서 언급한 것 같이, Zwicky는 이 아이디어를 확장하여 은하의 중력 렌즈화는 가능할 뿐 아니라 퀘이사 보다 더 가까이 있는 은하나 은하단에 의하여 멀리 있는 퀘이사의 중력 렌즈화가 될 수 있는 이상적인 방법이 될 것이라고 제의하였다.

최초의 중력 렌즈가 발견된 Eddington의 유명한 개기 일식 실험 이후 60년이나 지난 후에 Zwicky가 옳았다는 것이 판명되었다. 더구나 **중력 렌즈화는 은하단들의 질량을 연구하는 데에 이상적인 방법이라는 것이 판명 되었다.** 은하단들은 공간에서 상대적으로 작은 지역들에 - 즉 그것들은 우리와 배경 광원들 사이의 거리와 비교해서 작다는 것이다 - 모여 있는 우주에서 볼 수 있는 가장 무거운 물질의 군집들 중에 하나이기 때문에, 그것들은 앞에서 언급된 중력 렌즈화의 기준에 정확히 들어맞고 있다. 배경 광원에 대해서는 우주는 은하들 - 특히 멀리 있는 것들 - 로 매우 풍부하다. 만일 우리가 원뿔의 정점에 있고, 그 원뿔이 은하단을 싸고 있다고 상상하면, 그 은하단 너머에서는 그 원뿔은 거대한 양의 공간을 싸게 될 것이고, 렌즈화가 될 수 있는 은하나 은하들을 조우할 기회가 더 증가할 것이다. 우리가 우주 공간을 점점 더 깊이 볼수록, 점점 더 증가하는 많은 은하들을 만나게 될 것이며, 배경광원들을 준비된 많은 공급원으로 제공해 줄 것이다.

7.6 강한 렌즈화와 허블 상수

풍부한 은하단의 방향으로 관측해 볼 때, 천문학자들은 배경 물체들의 다중 상들을 생산해 내는 '강한 렌즈화(stong lensing)'로 불리는 것을 종종 보게 된다. (이 다중 상들 중에 어떤 것은 더 희미하지만) 이 상들 중에 하나 이상이 확대되어져서 정상보다도 더 밝게 보이는 것이 있다. **강한 렌즈화는 우주학에서 중요한 문제를 해결할 잠재성을 제공하고 있다. 즉 (단원2에서 언급한) 많은 논쟁이 되고 있는 Hubble 상수의 결정이다.** Hubble 상수를 분명히 하는 것이 지난 백년 동안에 천문학자들에 주요한 도전이었다. Hubble이 은하의 거리가 더 멀면 멀수록 그 후퇴속도는 점점 더 커진다는 것을 보여주었다는 것을 상기 하라. 이것은 모든 은하들이 모든 다른 은하들로부터 후퇴하고 있기 때문이다, 만일 우리가 하나 다음에 또 다른 은하가 있는 두 개의 은하를 본다면, 가까이 있는 은하가 우리로부터 멀어져 가고 있음을 보게 될 것이다. 그리고 더 멀리 떨어진 은하는 가까이 있는 은하들 보다 두 배 더 빠르게 후퇴하는 것처럼 보일 것이다. 왜냐하면 그것은 우리로부터 후퇴하고 있는 가까운 은하로부터 멀어져 가고

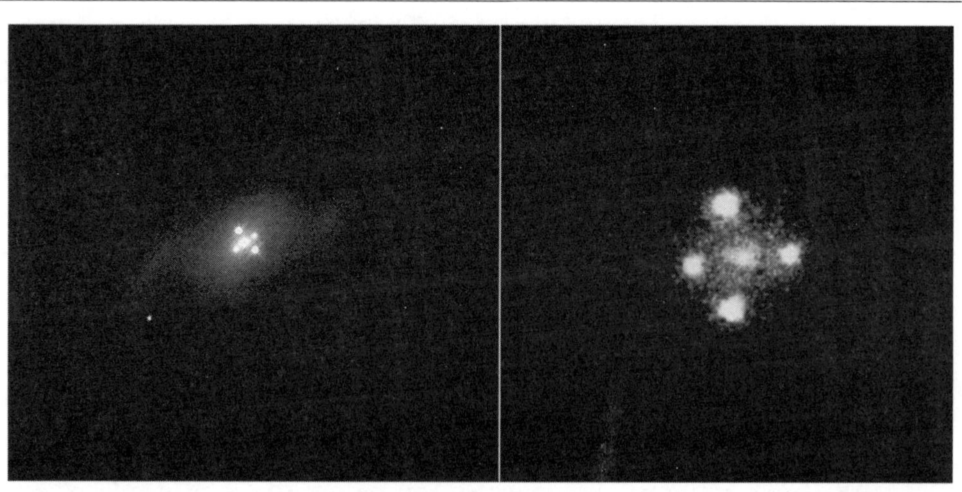

▌그림 7.4 아인슈타인 십자 – 전형적인 중력렌즈 시스템, G2237+0305: 중심에 아인슈타인 십자를 가진 은하의 넓은 범위의 광경(왼쪽), 허블 우주망원경으로 얻은 더 근접하여 찍은 상(오른쪽). (NASA)

있기 때문이다. 그리고 다른 두 은하들에 살고 있는 각각의 외계인은 똑같은 현상을 보게 될 것이다. 우주에 있는 모든 은하들은 우주 팽창이라는 자연적인 결과로써 서로 간에 멀어져가고 있는 것이다.

1929년에 Hubble이 최초로 이것이 일어남을 보여 주었고, 초기에는 그 후퇴속도가 200km/s/Mpc이라고 유도하였다. 즉 은하들은 우리로부터 매 Mpc씩 더하여서 멀어짐에 따라 200km/s씩 증가하면서 후퇴하고 있다는 것이다. 그러나 그는 은하사이의 거리를 작게 평가하였다. Hubble 상수에 대한 숫자들은 은하들이 정말로 얼마나 떨어져 있는 지가 알려지자마자 급격하게 떨어졌다. 그를 기념하기 위하여 이름이 붙여진 Hubble **우주 망원경이 그 숫자를 현재 가장 널리 받아들여지는 72km/ s/Mpc으로 확정하게 되었다. 그러나 중력 렌즈화는 이 숫자를 지지 하는가?**

중력 랜즈화에 관련된 변수들 중에 하나는 렌즈화가 되는 은하단까지의 거리 다시 말해서 은하단이 우리로부터 후퇴하고 있는 속도에 의존한다. 이 두 개의 중요한 값들을 연결 시켜주는 요소는 Hubble 상수이다. 다중 상들은 광원과 우리 사이에서 서로 다른 길이를 가지고 있다. 그래서 광원이 몇 달에서 1년 정도의 주기로 밝기가 변하고 있는 퀘이사일 때, 다른 렌즈화된 상들이 밝기에서의 변화는 상대적인 거리 혹은 퀘이사와 우리 사이의 경로 거리를 모니터할 수 있는 방법을 제공해 주고 있다. 이 위상 변화는 - 두 상들의 최대 밝기나 최소 밝기의 도착 시간의 차이 - 허블 상수의 함수이다. 사실상 이것은 허블 상수의 측정을 허용해 준다. 그래서 **렌즈화는 이 모든 중요한 수를 측정하는 독립적인 방법이다.** 이것들 모두에서 중요한 요소는 그것을 매우 잘 모델화한 것에 의존하는 렌즈를 매우 잘 이해하는 것에 있다. 여태까지 연구된 시스템들 중에 어느 것도 단순한 하나의 점 질량을 가지고 있지 않다. 이것이 좀 더 어렵게 만들고 있다. **여태까지의 모든 결과들은 허블 상수를 좀 더 낮은 숫자: 50 ~ 60km/s/Mpc로 평가하고 있다.** 그러나 그것들 또한 렌즈의 특성에 관한 불확실성으로부터 발생하는 그것들 안에 매우 큰 불확실성이 있다. 그럼에도 불구하고 그것은 그 문제를 접근하는 데에 흥미로운 방법이고 각각의 방법이 결점을 가지고 있는 이상, 이 새롭고, 독립적인 방식은 매우 환영할만하다.

7.7 약한 렌즈화

강한 렌즈화보다 훨씬 더 잘 일어나지만 더 탐지하기 어려운 것이 '약한 렌즈화(weak lensing)'이다. 이것은 다중 상들을 만들어 내지 않는다. 그러나 오히려 간단히 배경 광원의 상을 뒤틀리게 한다. 약한 렌즈화가 할 수 있는 모든 것은 명확하지가 않는 배경 물체의 상을 변화시키는 것이다. 사실상 배경물체의 상은 하늘에서 한 방향으로 나타난 많은 상들의 형태들을 측정하고 일반적인 방향으로 뒤틀림을 찾음으로 해서 단지 통계적으로 찾아질 수 있다. 이 뒤틀림은 이 뒤틀림을 야기하는 질량의 중심과 물체의 상을 연결하는 선에 수직이다. 이 효과는 매우 높은 지상에 기지를 둔 망원경에서 얻은 상들도 또한 이용하였지만 주로 허블 우주 망원경에서 얻은 상들의 매우 주의 깊은 분석을 통하여 관측되었었다. 해상력은 이 매우 작은 뒤틀림을 탐지해 내는 데에 있어서 가장 중요하다.

강한 렌즈화가 훨씬 더 눈에 잘 뀐다. 그리고 역사적으로 발견된 첫 번째로 강한 렌즈 시스템은 이중 퀘이사 0957+561이다. 천문학자들은 눈에 잘 띄게 푸른 퀘이사를 특히 자외선에서 찾고 있었었다. Dennis Walsh가 이끄는 그룹이 퀘이사 0957+561의 광학 이미지를 얻었고, 두 개의 별 같은 상이 매우 가까이 있지만, 약 5.7초각으로 분리되어 있는 것을 발견하였다(센타우리 α 이중성의 망원경 모습에 친숙한 이들을 위하여, 이것은 그 구성원들 사이 거리의 약 1/3 정도 된다). 그들이 이 물체들 중에 하나의 스펙트럼을 얻었을 때 그것의 높은 적색편이는 그것이 퀘이사임을 밝혔다. 그런데 두 번째 물체의 스펙트럼을 얻는 데 상당한 곤란을 느꼈다. 그것은 우리 은하수에 있는 앞에 위치한 별이 있었기 때문이다. 그러나 사실상 두 물체는 동일한 스펙트럼과 동일한 적색편이를 갖고 있었다. **오랜 기간 동안의 연구에 의하면, 두 개의 상은 한 개의 상의 변화가 다른 하나의 상의 변화가 있은 후 420일 뒤에 나타난 것을 제외하고는 동일한 방식으로 밝기가 변화하였다. 이것이 한 개의 퀘이사의 동일한 상임을 확증하는 증거였다.** 그 퀘이사는 전면에 있는 물체 - 아마도 은하나 은하그룹에 의해서 강하게 렌즈화가 되었을 것이다.

7.8 Abell 2218

이것은 특별한 경우이다. 주된 이유는 이런 식으로 렌즈화 되는 퀘이사들은 매우 드물기 때문이다. 1년에 약 한 번의 비율로 발견된다. 반면에 은하단들의 강한 렌즈화는 훨씬 더 잘 일어난다. 가장 좋은 예들 중에 하나가 Abell 2218이다. 약 30억 광년 떨어져 있는 이 풍부한 은하단은 1994년 허블 우주 망원경에 의해 그것의 상들이 보여 졌을 때 유명해졌다. 그 상은 4개의 천문학자들의 팀에 의하여 수행된 연구의 결과이다. 이 4개의 팀은 Warrick Couch (New South Wales대학), Richard Ellis와 Jean-Paul Kneib(Canbridge 대학), Ian Smail(워싱턴의 Carnegie 연구소의 천문대), Ray Sharples(Durham 대학)이었다. 그것은 여태까지 발견된 강한 렌즈화의 가장 좋은 예들 중에 하나로서 알려져 있다.

먼 거리의 은하단들을 관측하기 위한 허블 우주 망원경의 사용은 원래 중력 렌즈화 연구를 위해서는 동기 부여가 전혀 되지 않았고, 은하의 형태학을 (그것들의 형태들과 구조들) 연구를 하는 데는 동기부여가 되었었다. 은하단은 강한 진화를 겪어 왔었다는 것은 알려져 있었다. 개개의 은하들은 매우 푸르렀다. 그래서 별의 형성과정에 있었다. 천문학자들은 멀리 떨어져 있는 은하들의 구조에 어떤 상세한 점이 있는지 어떤지를 알아보기 위하여 분투하였다. 그러나 그 은하들의 형태학적인 상세들은 실망스럽게도 환상으로 남았다. 그래서 지구 대기의 뒤틀리게 하는 효과로부터 자유로운 우주 공간에 기지를 둔 망원경을 사용해야 한다는 것이 결정 되었다; 즉 허블 우주 망원경이다. 지상에서 가능한 해상력보다, 10배 더 좋은 해상력을 가지고서, 먼 거리의 은하들의 형태학을 결정하는 연구의 새로운 시대를 활짝 열었다. 그런데 풍부한 은하단을 통한 강한 렌즈화를 보는 것은 매우 흔한 일이라는 것이 판명되었다. 그것들 중에 하나가 천문학자들이 허블 우주 망원경으로 관측한 바로 그 최초의 은하단에서 나타났다. 그 상은 'L' 형태였고, 그것의 중앙에 정확히 적어도 두 개의 상이 있었다. 서로 간에 거울 반사였던 대칭적 한 쌍의 상들은 중력 렌즈의 증거가 되는 사인 이였다. 천문학자들이 일석이조를 갖게 되었음이 밝혀졌다. 즉 그들은 멀리 떨어진 은하단의 은하 형태학을 연구할 수 있을 뿐만 아니라 또한 중력 렌즈화의 매우 좋은 연구를 수행할 수 있게 되었다. 허블 우주 망원경은 중력 렌즈들을 발견하기

▌그림 7.5 은하단 아벨2218은 여태까지 관측된 중력렌즈의 가장 현란한 예이다. 아벨2218 너머에 있는 은하들의 상들이 전방의 은하단 중력에 의하여 뒤틀려 있다. 그 뒤틀림의 정도와 특성을 분석함으로써, 천문학자들은 전방의 은하단에 있는 암흑물질의 양과 분포를 측량할 수 있다. (NASA, Andrew Fruchter와 ERO팀, Sylvia Bargett (STScl), Richard Hook(ST-ECF) 그리고 Zoltan Levay(STScl)의 호의)

위하여 이용되었을 뿐만 아니라 그것들의 질량 측정 - 암흑물질의 연구 - 을 또한 허용하였다.

최초의 상들은 허블 우주 망원경이 수리되기 전 1992년에 얻어졌었다. 심지어 오히려 안 좋은 상태에 있는 이 망원경을 가지고 이런 종류의 작업을 하는 잠재성은 현저하였으며 그리고 수리 후에 그것은 찬란한 미래를 가질 것임이 명백하였다. 높은 적색편이의 많은 은하단들을 관측하는 것은 시간이 많이 배정되어야 했기 때문에, 그 팀은 천문학 공동체의 나머지 일원보다 한 발 앞서야 했다. 은하의 형태학 연구뿐만 아니라 그것의 렌즈화 되는 면을 최대한 활용하기 위하여 그 미래의 관측들을 최적화할 것을 결정하였다. Abell 2218은 지상에 기반을 둔 망원경의 상들로부터 강한 중력 렌즈로서 이미 잘 알려져 있었다. 그것의 엄청난 중력장은 배경 은하들 - 약 3~4배 정도 더 멀리 떨어진 - 의 상들을 뒤틀리게 하고 확대시켜서 여러 개의 얇고, 희미한 원호들로 나타내게 하였다. 그것은 우주 공간에서 연구되어져야 할 명백한 여러 목표물들 중에 하나였다.

1994년 9월에는 Wide Field Planetary Camera 2를 사용하여서 Abell 2218의 상을 얻었다. 그 상이 마지막으로 전송되어 들어 왔을 때, 천문학자들은 깜짝 놀랐다. 그들은 그것이 그렇게 장관일 줄 생각지도 못했다. 그것은 전방에 있는 은하단들뿐만 아니라 전방의 은하단의 은하들을 둘러싸고 있는 빛나고 있는 원호들 - 멀리 있는 은하들의 왜곡된 상들 - 의 환상적 배열을 보여 주었다. 그것은 그 이후로 중력 렌즈 은하단의 교과서적 예로서 표준이 되었다.

그 팀은 은하의 형태학을 계속하여 연구하였지만 Abell 2218의 상을 가지고 중력 렌즈화 분석에 전문가인 다른 이들이 들어왔다. 이 경우에 렌즈화 분석은 은하단들이 단순한 점 질량이 아니라 오히려 확장된 질량 분포라는 사실 때문에 복잡해진다. Ellis와 Smail은 강한 렌즈화를 말해주는 표시인 어떤 원호들의 증거를 찾기 위하여 지상에 가지를 둔 탐사로 어떤 렌즈화를 찾는 작업을 수행하였었다. 그리고 그들은 렌즈화의 증거를 보여주는 은하단의 좋은 샘플을 발견하였다. 그러나 캠브리지 시절에 박사 후 과정 연구원으로 있었던 프랑스인 Jean-Paul Kneib 가 Abell 2218을 모델화하였고, Kneib가 그의 모든 연구 경력을 이 일에 전념하게 한 팀에 연합하기 전에 그는 이미 은하단의 렌즈화 된 상들의 분석을 시행하였다. 그래서 그는 그 작업을 위해서 연장을 이미 갖추고 있었다. 그는 은하단들을 분석하기 위하여 컴퓨터에 프로그램을 가지고 있었다.

Abell 2218의 **지속적인 분석은 다음 두 가지 결과를 보여주었다. 첫째는 여러 번의 시도와 약간의 에러가 있었지만 은하단의 질량 분포의 결정이다.** 초기에는 상들로부터 측정된 빛의 분포와 같은 특징들에 기초로 하여, 그 렌즈가 무엇과 같을 것인지에 대한 모델이 만들어진다(빛나는 물질은 저변에 깔려 있는 암흑 물질이 어떻게 분포해 있는 지에 대한 최우선 지시물로써 채택된다). 그리고 나서 컴퓨터가 배경 물체들로부터 나와 여행하는 광선이 은하단을 통과할 때 무엇이 일어나는지에 대한 시뮬레이션을 하기 위하여 사용된다. 이 과정을 빛 추적(ray tracing)이라 부른다. 모델은 실제적인 것과 같은 상을 재생산해 낼 때까지 변경되어진다. 방대한 양의 정보가 허블 우주 망원경의 상으로부터 추출될 수 있고, 그것들은 모델에 어떤 제한을 줄 수 있다. 모델이 상과 똑같은 복제를 생산할 때까지 변경은 계속 된다 이런 방식에 의하여 중력 렌즈의 특징들을 꽤 잘 정의 할 수 있는 가능성이 있다.

Abell 2218의 허블 우주 망원경은 이 종류의 작업을 위한 보너스였다. 왜냐하면 그것은 드문 사건을 보여주기 때문이다. 즉 개개의 은하들의 다중 상을 보여주고 있다. 전례가 없는 일곱 개의 다중 상이 발견되었다. 강한 렌즈화와 함께 각각의 다중 상들의 세트는 은하단의 질량을 측정할 수 있는 기회를 제공하였다. 이것은 개개의 상은 각기 다른 '충격변수(impact parameter)' - 렌즈를 지나치는 시선과 배경 물체, 즉 상 사이의 거리 - 를 가지고 있기 때문에 가능하다. 이 거리는 개입해 있는 물체의 질량에 의존하여 달라진다. 각자의 배경 은하로부터 나온 광선은 전방에 있는 은하단을 통과하여 각기 다른 경로를 취하기 때문에, 그 각각의 광선들은 시선 사이에 놓여 있는 전방 은하의 질량의 양을 계산하는 것은 가능하게 해준다. 다중 상들에 관하여 중요한 것은 그것들 모두가 전방의 은하단의 중심으로부터 동일한 거리에 놓여 있지 않다는 것이다. 그 상들 안쪽에 있는 다른 위치에서 나타난 작은 원호들을 가지고, 중심으로부터 각기 다른 거리에서 전방의 은하단의 질량을 측정하는 것이 가능해진다.

상들로부터 두 번째로 얻을 수 있는 결과는 배경 은하들까지의 거리 측정이었다. 렌즈화 방정식들은 전 작업이 기하에 의존한다. 즉 광원, 렌즈, 그리고 관측자 사이의 거리이다. 렌즈화된 은하단까지의 거리는 적색편이 관측으로부터 결정하기가 쉽다. 알려져 있지 않는 것은 렌즈화된 은하단과 배경광원 사이의 거리이다. 그러나 렌즈의 특성이 (위에서 언급한) 컴퓨터 시뮬레이션으로부터 결정되기만 하면, 배경 은하들까지의 거리를 계산하는 것은 가능하다. 렌즈부터 배경 은하들까지의 거리와 우리들까지의 거리도 알게 되면, 배경은하로부터 나온 빛이 얼마나 오래전에 출발하였는지 결정하는 것은 가능하다. 즉 과거를 돌아보는 시간이다. 이것은 그 시대의 은하들의 특성들을 이해하는 것을 허용한다.

이제 이 유명한 상이 얻어졌기 때문에, 천문학자들은 120 arclets의 거의 근사치 거리들을 측정하였었고, 이것은 지상에 기반을 둔 망원경으로 볼 수 있는 은하들보다 50배나 더 희미한 은하들까지의 거리를 결정할 수 있도록 허용하였다. **그러므로 중력 렌즈는 가장 큰 지상의 망원경으로 도달할 수 있는 너머에 있는 물체들을 연구하기 위한 하나의 거대한 망원경으로 사용되어질 수 있다. 중력 렌즈가 없다면 그렇게 먼 거리에 있는 은하단들은 거의 볼 수 없을 것이다.** 그러나 Abell 2218과 같은 중력렌즈 들은 보는 능력을 10~50만큼 향상 시킨다. Abell 2218 너머에 있는 먼 은하들은 적색편이 1~2의 위치에 있다. 이것은 그것들이 우주가 현제 나이의 반 이하일 때 존재하였다는 것을 의미한다.

Abell 2218의 발견은 암흑물질의 연구에 여분의 차원을 더 하였고, 전체 가내공업의 문을 활짝 열었다. 그리고 허블 우주망원경을 가지고 많은 풍부한 은하단들의 상을 얻었다. 중력 렌즈화는 이 은하단들의 대부분이 암흑물질로 만들어져 있다는 증거의 또 다른 주요한 소스를 제공해 주고 있다. **중력 렌즈화 연구로부터, 은하단들의 90%가 암흑이라는 것을 보여주었다. 은하단들 사이에 차이는 좀 보이지만, 각각의 경우에 빛나는 물질은 전체 은하단 물질의 15%이하로 구성하고 있다. 렌즈화된 은하단들에서 암흑물질의 분포는 개개의 은하들과 유사하다. 그리고 그것이 빛나는 물질보다 중앙에 더 강하게 집중되어 있다는 어떤 증거들이 있다.**

중력 렌즈화는 암흑 물질을 연구하는데 훌륭한 방법이다. 기기에는 복잡한 물리학이 없고, 설명되어져야 할 다른 변수들도 없다. 그래서 전방 은하단의 질량 - 전체 질량, 빛을 내는 것이던 암흑이던 - 을 측정하는 매우 직접적인 방법 이다. 중력 렌즈화의 상들은 또한 전방 은하단내에 있는 빛나는 물질의 직접적인 기록을 제공해준다. 빛나는 질량 대 렌즈화 하는 질량의 양을 비교해봄으로써, 은하단에 내한 전체 질량 대 빛나는 질량의 비를 결정할 수 있고, 그것으로부터 암흑물질의 양을 결정할 수 있다. 인정하건데, **은하단들은 하나의 질 질량이 아니라 오히려 암흑물질의 웅덩이(pool) 안에 자리 잡고 있는 수 백 개의 은하들을 포함하고 있는 시스템이다.** 그러나 그 이론은 매우 정확한 측정들이 생산될 수 있도록 충분히 잘 통제되어 있다.

CHAPTER

08 바리온 일람표

우리는 지금까지 암흑물질을 위하여 우주를 빡빡 문질러 왔었다. 그리고 그 길을 따라서 여러 다양한 규모들 - 난장이 은하들, 은하들 그리고 은하단들 등등 - 에서 그것의 존재에 대한 증거를 발견하였다. 그러나 서로 다른 규모들에서 물질의 양을 연구하기 위하여 사용되어지는 방법들이 너무나 다양하기 때문에, 그 평가들 중에 하나나 혹은 전부가 잘못될 수 있는 가능성이 언제나 있다. 이 숫자들을 검토해보는 좋은 방법은 물질의 양을 우주에서 다른 거리에 있는 것을 비교해보는 것이 아니라 우주의 역사 속에서 다른 시간대에 있는 것을 비교해 보는 것이다. **세 개의 다른 시대에서 우주에 있는 물질의 양을 비교해보자. 즉 빅뱅시기, 현재나이의 반이던 시기 그리고 현재의 시기이다.** 만일 이 세 평가 모두가 일치한다면, 우주에서 얼마나 많은 물질이 존재하며 어디에 있는지 알게 되었을 때에 우리는 좀 더 편안함을 느낄 것이다.

8.1 측정의 일반적인 단위로서의 Ω(오메가)

다른 규모들과 시간대에서 물질의 양을 비교해보기 전에, 우주에서 물질의 양을 측정하는 일반적인 단위가 필요하다. 그것을 kg, ton, 혹은 태양질량으로 표현하는 것보다, 우주학자들은 그것을 다른 방법으로 표현한다. 말해왔듯이, 우주는 대폭발(Big Bang)의 결과로서 팽창하고 있는 중이다. 우주의 전체 질량에 대한 비율로서 Ω를 사용한다. 여기서 $\Omega=1$은 **임계밀도와 동등하다. 머리말에서 설명하였듯이, 임계밀도란 어떤 무한히 먼 시간에 우주의 팽창을 정지시키는데 필요해지는 질량의 양이다. 즉 다른 말로해서 우주의 팽창은 영원히 천천히 감소할 뿐이지 결코 정지하지 않는다는 것이다.** $\Omega<1$이면 우주는 영원히 구속받지 않고 팽창한다. 반면에 $\Omega>1$이면 우주는 미래에 언젠가 팽창이 멈추고 대붕괴(Big Crunch)로 향하여 다시 수축하기 시작한다. 이 마지막 선택은 일어날 성싶지 않다. 빅뱅이론 중에 하나인 인플레이션이라 불리는 중요한 버전에 의하여 임계밀도 우주가 예견되었는데, **1990년 후반까지 모든 종류의 논의들이 물질의 전체 Ω가 1이하이고 아마도 0.2정도로 낮을 것이라고 제의되었다.** 중요한 점은 만일 우주가 임계밀도 이하의 어떤 밀도를 가진다면, 그것은 영원히 계속해서 팽창할 것이라는 것이다. 그러나 여기서 이 이야기에서 우리가 너무 앞서 나갈 위험성을 갖고 있다. 여기서 중요한 것은 우주가 실제적으로 갖고 있는 Ω의 비율이 얼마인지 확실하지 않음에도 불구하고, Ω는 우주가 얼마나 많은 물질을 - 암흑물질과 그 외의 것들 - 갖고 있는 지 측정하는데 편리한 단위이다.

8.2 Ω_b

우주의 얼마나 많은 부분이 바리온 물질의 형태로 있는지에 대해 살펴보는 것부터 시작해보자. 즉 우주의 얼마나 많은 부분이 이 세상과 우리의 육체를 구성하고 있는 친숙한 양성자들로 구성 되어 있는가? (부록 1을 보라) 암흑물질과 달리, 이것은 또한 우리가 볼 수 있는 물질이다. 바리온 형태로 있는 물질의 비율을 Ω_b로 부를 것이다.

8.3 빅뱅 핵 합성

빅뱅은 우주의 기원에 대한 가장 널리 받아들여지는 이론이다. 많은 버전들이 있음에도 불구하고, 그것들 모두는 기본적으로 우주는 엄청난 불덩어리 - 100억년에서 200억년 사이에 어느 곳에서 발생한 공간, 시간, 물질 그리고 에너지의 특이점 - 로서 시작되었다고 진술하고 있다(현재 받아들여지는 우주의 나이는 137억년이다). 빅뱅 후 첫 마이크로초 동안에 우주는 물질과 복사선으로 들끓고, 눈부신 안개와 같았다. 이 초기 불덩어리에서는, 온도가 너무 높아서 입자들이 개개의 실체를 가지고 있었지만 그것들은 쉽게 한 타입에서 다른 타입으로 변하였다. 물질이 별 내부에서 에너지로 전환된다고 하지만 - 이것은 경탄할 만한 과정이다 - 빅뱅과 비교될 만한 것은 아무것도 없다. 이 최초의 마이크로초 동안에, 에너지 넘치는 광자들은 서로 세게 부딪치면서 물질을 창조하였다; 즉 양성자, 중성자 그리고 전자들, 그리고 그것들의 반입자들이다. 그러나 거의 동시에 이 입자-반입자 쌍들은 서로 쌍소멸하여, 광자의 쌍들을 생산해 낸다. 얼마내지 않아 우주는 팽창하였고 그리고 광자들이 전자들을 만들 수 있을 만큼 여전히 충분한 에너지를 가지고 있었지만, 양성자와 중성자들을 만드는데 필요한 에너지의 광자들을 짜내면서 냉각되었다. 그동안 내내, 양성자와 반양성자, 중성자와 반중성자들은 계속해서 서로 쌍소멸 되면서 빠르게 각자의 수가 감소하고 그 과정에서 복사선을 만들어 내었다. 그러나 모든 양성자, 중성자 그리고 전자들이 반입자들에 의해서 쌍소멸 되는 것은 아니다. 반입자보다 약간 더 많은 입자들이 있었다. 즉 약 10억 개 중에 1개 정도이다. 그리하여 이것이 우리 우주가 에너지뿐만 아니라 물질을 가지게 허용하였다.

빅뱅 후 약 100초 되었을 때, 바리온 물질이 창조 되었다. 우주가 팽창하여 약 10억 도의 온도로 식었을 때, 양성자와 중성자는 힘을 쥐게 되었고 우주를 통제할 수 있게 되었다. 그리고 나서 우주는 단지 엄청난 별과 같이 행동하기 시작하였다. 그리고 핵반응이 일어 날수 있을 정도로 그것은 여전히 뜨거웠다. 즉 양성자는 전자와 합하여 중성자가 되고 중성자와 양성자가 합하여 중수소가 되고, 중수소핵들은 결합하여 헬륨의 동위원소들을 생산하였다. 다른 원소들도 역시 여기에서 형성 되었다. 즉 리듐, 배릴리움, 보론 이다. 무거운 원소들은 이 시기에 그렇게 많이 형성되지 않았다. 그래서 그것들은 별들의 진화를 기다려야 했다.

이 바리온 물질이 어떻게 합쳐져서 은하들과 별들을 형성하게 되는지를 알아보기 위해서 단원 13과 14에서 빅뱅으로 다시 돌아 올 것이다. 천문학자들에 중요한 것은 우주의 역사에서 이 기간의 컴퓨터 모델들은 오늘날 존재하는 이 빛 원소들의 상대적인 풍부함을 예견한다는 것이다. 다시 말해 이 풍부함들은 바리온 물질이 얼마나 많이 초기우주에 존재하였는지에 달려 있다. 천문학자들에게 특히 흥미를 끈 것은 중수소(양성자와 중성자로 구성된 핵을 가진 수소의 무거운 형태) 대비 수소(단 한 개의 양성자로 구성된 핵을 가짐)의 상대적인 존재비이다. **이 중수소는 바리온 물질의 양을 특별히 민감하게 측정하는 것으로 판명되었다. 그 이유는 그것이 오직 빅뱅과 같은 극한 조건 같은 용광로 속에서만 만들어지기 때문에, 현재 우주에서 중수소를 만드는 것은 거의 불가능하기 때문이다. 더구나 그것은 매우 쉽게 파괴된다. 그래서 오늘날 주위에 있는 중수소가 얼마인지 간에 그것은 한 때 존재하였던 양에 대한 하한치를 나타낸다.** 만일 천문학자들이 현재 우주에서 중수소의 양을 잴 수만 있다면, 우주에서 바리온 물질의 양의 상한치를 계산할 수 있다.

8.4 바리온 물질 관측하기

그러한 관측들을 하는 것은 쉬운 작업이 아니다. **퀘이사의 스펙트럼들에 있는 흡수선들을 살펴보는 것이 하나의 책략이 될 수 있다. 이 선들은 우리와 퀘이사 사이에 놓여있는 가스 구름들 안에 있는 원소들에 의하여 만들어지는 것이다.** 퀘이사는 아주 멀리 있기 때문에(그것들은 우주에서 가장 멀리 떨어져 있는 물체들 중에 하나라는 것을 기억할 것이다), 그것들의 빛은 우주의 방대한 거리를 거쳐 왔다. 그러므로 **천문학자들은 수소와 중수소로 인한 흡수선들의 상대적인 강도를 살펴봄으로써 우주에 있는 중수소의 양을 측정할 수 있다.** 수소선의 넓이는 중수소로 인한 선보다 훨씬 더 크다. 그리고 그것들은 스펙트럼 상에서 서로 이웃해 있기 때문에, 수소선은 종종 중수소 선위로 겹쳐져서 그것을 만들어 내는 물체의 운동에 영향을 받는다. 단 한 개의 물체에 대해서도, 관측자로부터 광원이 다가오던지 혹은 멀어지던지 간에 구름 안에 있는 어떤 운동이 스펙트럼선에 말썽을 일으킨다. 구름의 평균 운동에 상대적으로 관측자로 향하여 움직이는 가스는 청색편이를 야기 시킬 것이고, 반면에 관측자로부터 멀어지는 운동을 하는 가스는 적색편이를 야기 시킬 것이다. 소용돌이치는 가스는 청색편이, 적색편이 그리고 무편이(no shift)를 만들어 낼 것이다! 이것은 얼룩진 스펙트럼선을 초래할 것이다. 그래서 측정은 훨씬 더 어려워진다.

그럼에도 불구하고, 만일 적당한 퀘이사가 적당한 가스 구름들을 가진 스펙트럼선에서 발견되어질 수 있다면, 상대적인 수소 : 중수소 존재비를 측정할 기회가 있다. 많은 작업이 요구되어진다. 그래서 많은 천문학자들은 그 문제를 좀 더 연구하기 위한 계획들을 세웠다. 그럼에도 불구하고, **수소 : 중수소 비의 초기 관측들은 Ω_b에 어떤 결과를 제시하였다. 그것이 정확한 수는 아니지만, 아마도 2 혹은 3안에 있는 것으로 생각되어진다. 그 수는 얼마일까? BBNS이론에 의하면 Ω_b는 약 0.04 즉 임계밀도의 약 4%이다.** 전체적 관점에서 보기 위해서, 우주의 전체 밀도가 임계밀도의 단지 0.2 정도라면, 우주의 질량의 0.2는 바리온이다 (0.04/0.2=0.2). 만일 우주에 있는 물질이 임계밀도를 가진다면, BBNS 이론과 함께 중수소의 관측들은 단지 약 4%가 바리온의 형태로 있다는 것을 가리키고 있다.

8.5 Ω_b 관측

이것은 단지 이론이다. 그러나 우리가 얼마나 많은 바리온물질을 실제로 볼 수 있는가? 그리고 그것은 이론의 예견과 부합되는가? Ω_b의 값이 어떻게 관측되는가? 우리가 볼 수 있는 모든 바리온의 소스들을 더함으로써 바리온의 풍부함을 측정할 수 있는 모든 바리온 물질의 양의 직접적인 측정은 그것이 오늘날 얼마나 많이 존재 하는가를 측정할 뿐만 아니라 과거에 그것이 얼마나 많이 존재하였는지도 알 수 있다. 빛은 어떤 주어진 광원으로부터 우리에게 도착하기까지 어떤 일정한 시간이 걸리기 때문에 현재 그 물체의 상태를 보는 것이 아니라, 빛이 광원을 출발하였을 때의 모습을 보는 것이다. 지금 당신이 달을 볼 때, 당신은 현재의 달을 보는 것이 아니라 달빛이 달 표면을 떠났던 약 수초 전의 모습을 보는 것이다. 동일하게 당신이 느끼는 햇빛은 실제로 거의 8분전의 것이며 가장 가까이 있는 별의 상들도 수년 전의 것이다.

8.6 z=3에서 Ω_b

이 개념을 더 크게 우주로 확장할 때, 우주의 알려지지 않은 거리와 나이 규모 때문에 어려움을 만나게 된다. 그래서 년으로 측정된 우주의 정확한 나이로 이야기하기 보다는 천문학자들은 적색편이로서 말하기를 선호한다. 우리가 보았듯이, 은하까지의 거리가 더 멀면 멀수록, 우주의 팽창 때문에 그것의 스펙트럼선들은 점점 더 적색편이 된다. 이 아이디어를 증가된 거리는 상당히 과거를 보는 것과 동등하다는 사실과 연계하면, 우주의 역사에서 다른 양을 가진 적색편이의 시대는 다르게 묘사될 것이다. **우리가 가까이 보는 것은 0의 적색편이 시대이다. 그리고 Zwicky가 연구한 Coma은하단은 약 0.02의 적색편이를 가지며, 적색편이 3은 - 즉 300% 적색편이 된 스펙트럼선들을 가진 물체들 - 그것이 우주의 나이에서 80%이상 과거의 시대를 나타내는 것이기 때문에 우주에서 과거의 바리온 밀도를 볼 수 있는 좋은 장소이다.**

그 시대 대부분의 물질은 가스의 거품처럼 거대한 섬유모양의 구름들 형태 안에 존재하였기 때문에 그 시대의 바리온 밀도를 측정하는 것은 가능하다. 멀리 있는 퀘이사에서 나온 빛은 이 거품들을 통과하여 지나칠 것이고, 이 거품들은 그 빛의 일부를 흡수하였을 것이다. **퀘이사스펙트럼은 가스구름 섬유에 의하여 흡수된 파장이 퀘이사의 다른 밝은 스펙트럼을 대비하여 검은 선들을 보여주고 있다. 이 검은 선들은 Lyman-α라 불리는 수소선으로부터 대부분 나온 것이다. 그리고 스펙트럼은 이 큰 나무의 숲과 닮아있어서 그 구름들은 Lyman forest 구름들이라 불린다. 우주의 역사에서 이 기간에 전체 바리온 밀도는 얼마인가? 이 시절에서는 Ω_b=0.04±0.01 혹은 임계 밀도의 약 4%였다.**

8.7 현 시대의 Ω_b

그러나 현 시대에서 바리온 밀도는 얼마인가? 적색편이 0인 현 시대에서 바리온은 대부분 3가지 형태로 발견된다. 즉 은하 안에 있는 별들, 은하단들에 있는 가스, 은하그룹(은하들의 좀 작은 모임)에 있는 가스이다. **1998년 Fukugita, Peebles 그리고 Hogan에 의한 바리온 조사는** 현 우주에서의 물질의 양은 은하들에 있는 별에 Ω=0.004, 은하단의 가스에 Ω=0.003 그리고 은하그룹의 가스에 Ω=0.014로 세분된다. 이것은 **전체 바리온 질량이 Ω_b=0.021±0.008 임을 나타낸다.** 그러나 현재까지 현시대의 가장 중요한 결과는 Wilkinson Microwave Anisotropy Probe(WMAP)이라 불리는 위성으로부터 나왔다. **2001년에 진수된** WMAP은 대폭발(Big Bong)의 여러 변수들을 확증하기 위한 특별한 목적을 가지고 있었다. 즉 우주의 나이가 얼마인가? 우주는 무엇으로 구성되어 있는가? 우주는 어느 정도의 비율로 팽창하고 있는가? 하는 것들이다. 지구로부터 150만km 떨어진 유리한 지점에서 관측함으로 해서 그것은 우주배경 복사 - (우리가 단원 13에서 더 세밀히 논의할) 빅뱅의 후광 - 의 놀라운 상세한 지도를 생산해내 주었다. 그렇게 함으로서, WMAP**은 천문학자들에게 우주가 어떻게 되어졌는가에 대한 매우 정확한 지도를 제공해주었다.** 간단히 말해서, 그것은 고도의 정밀한 우주학을 촉진시켰다. **그것의 정확한 데이터 중에 하나로서 Ω_b=0.044±0.04였다.**

8.8 Ω_b가 부합 되는가?

이제는 4개의 다른 소스들로부터 우주의 바리온 밀도에 대한 평가를 가지고 있다. 즉 BBNS는 Ω_b=0.04; z=3에서 Ω_b=0.04; 가까운 z=0에서 Ω_b=0.021를 예견하고 있고, 현재의WMAP의 결과는 Ω_b=0.044이다. 불확실성내에서, 3개 평가 모두는 다소간 동일하다. 이것은 큰 괴리가 없다는 것을 의미한다. 그래서 현재와 z=3에 있는 바리온들의 대부분 전부가 눈에 보인다.

여기서 중요한 점은 그것이 이러한 방식으로 발생할 필요가 없었다는 것이다. 예로써, 오늘날 이 바리온들의 대부분은 백색왜성, 중성자별 등등과 같은 것에 쑤셔 넣어 처리될 수도 있었을 것이다. 그리고 우리는 그것들을 결코 보지 못하였을 것이다. 그러나 그러한 일은 발생하지 않은 것 같다. 우리가 현재와 초기시대에서 우주에 있는 바리온들을 볼 수 있는 것은 하나의 행운이다.

8.9 안 보이는 바리온 물질?

그러나 아직 보지 못한 더 많은 바리온 물질이 여전히 더 있는가? 현시대(z=0)에서 바리온 조사는 아주 큰 규모에서 은하들의 거품 벽들 사이에 있는 공동들(Voids)안에서는 아무것도 발견하지 못하였다. 그러나 이 공동들에서 은하들에 관하여서는 많이 있는 것 같지 않는 반면에, 거기에서는 보이지 않은 가스가 존재할 수도 있다. 왜냐하면 그것은 우리가 탐지할 수 있는 파장으로 복사하는 그런 온도를 갖고 있지 않기 때문이다. 놓쳐 버린 또 다른 바리온 물질의 소스는 은하의 그룹이나 은하단들에서 자유롭게 떠돌아다니는 별들이다. 만일 우주학적으로 말해서 은하들이 서로 지나치면서 찢어질 때 별들이 은하 밖으로 떨어져 나오게 되면, 그것들도 또한 놓쳐버릴지도 모른다. 다시 말해서 거대 치밀한 공륜 물체들(massive compact halo objects (MACHOs))의 형태로 거기에 바리온 물질이 있을 수 있다. 우리는 다음 단원에서 MACHOs 프로젝트를 살펴 볼 것이다. 그러나 지금은 이 미스터리한 물체들이 바리온물질로 만들어져 있고 백색왜성들 같은 그런 친숙한 물질들일 것이라고 가정하자. 만일 이것이 맞는 경우라면, 많은 바리온들 또한 거기에 쑤셔 넣어졌을 수도 있다. 그러나 매우 간단한 이유 때문에, 이것은 그런 것 같지가 않다. **만일 MACHOs가 은하의 암흑 물질이라면 (공륜의 암흑물질은 별들 전체질량의 약 10배 정도 된다는 것을 우리는 알고 있다) MACHOs가 은하수에서 보이는 별들과 가스보다도 더 많은, 별들의 전체질량의 10배 – Ω_{MACHO_S}=0.04 – 가 되어야 한다고 결론을 내리게 된다. 이것은 전체 바리온의 질량 $\Omega_{baryons}$=0.06을 생산해 내게 되며, BBNS이론을 곤경에 처하게 만든다.** 왜냐하면 그 이론은 Ω가 단지 0.02라고 예견하기 때문이다. 그러므로 MACHOs는 바리온인 것 같지 않다.

8.10 은하그룹과 은하단들에 있는 바리온 물질

은하들이 운집해 있는 곳에 바리온 물질을 좀 더 세밀하게 살펴보도록 하자. 은하들은 먼저 3개에서부터 수백 개의 은하들이 모여 있는 그룹으로 어떤 곳에서든지 모이려고 하는 경향이 있고, 은하단들은 수천 개의 은하들은 포함한다. 은하그룹들이 Zwicky에 의하여 채택된 동일한 종류의 기술들을 사용하여 분석되어 질 때, 그 결과로서 중력을 일으키는 질량 - 별들, 은하들, 암흑물질 그리고 은하들 사이에 존재하는 어떤 것들...등등 - 을 나타내는 Ω를 구할 수 있다. **이 중력을 일으키는 질량을 Ω_{grav}라고 부를 것이다. 은하의 그룹들에서는 Ω_{grav}이 약 0.15 – 임계밀도 15% – 이다. 은하단들은 은하그룹보다도 더 풍요로움에도**

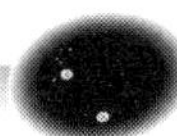

▎그림 8.1 우주에서 은하들의 대부분은 여기에서 보여주고 있는 Hickson 그룹과 같이 수 개의 은하들의 모임의 크기에서부터 수천 개의 은하들이 모인 거대한 은하단까지의 크기까지 함께 모여 있다. 그러나 은하단보다 더 많은 은하를 가진(100개의 은하정도까지)그룹들이 있다. 그러므로 은하들의 그룹은 우주에서 중력 질량의 태반을 차지한다.

불구하고, 은하 그룹에 있는 만큼 중력을 일으키는 질량이 많지 않다. 즉 Ω_{grav} =0.03 - **임계밀도 3% - 정도만 기여를 한다. 그러므로 은하그룹들이 우주에서 우리가 알고 있는 중력 물질의 대부분을 실제로 제공하고 있다.**

중력 물질의 얼마나 많은 부분이 바리온인가? **현재 우주에서 대부분의 바리온들은 여전히 가스 형태로 있다. 그러나 이 가스는 단지 중력 물질의 약 1/10 정도 밖에 기여하지 못한다.** 그러나 은하수와 같은 개개의 은하들을 살펴볼 때, 상황은 오히려 달라진다. **개개의 은하들에서는 바리온들의 대부분이 별들의 형태로 있다는 것을 알고 있다. 그러나 이 별들의 질량을 중력 질량과 비교**

해 보았을 때, 그 답은 0.1 이다. 각각의 경우에서, 전체 바리온 질량은 전체 중력을 일으키는 질량의 약 1/10 정도인 것 같다. 나머지는 어떤 다른 형태로 있다.

8.11 바리온 대참사

은하단에서 적어도 질량의 1/10이 보이기 때문에, 바리온 물질은 '바리온 대참사'라고 알려진 것을 낳게 되었다. 1993년에 Simon White(독일에 있는 막스 플랑크 연구소의 현 소장임)에 의하여 이끌어진 천문학자들 한 그룹이 (Zwicky가 사용하였던 것과 동일한) **Coma 은하단에 대한 그들의 연구 결과**들을 설명하는 논문을 발표하였다. Zwicky처럼, 그들은 이 은하단에서 질량의 일람표를 누적시키려고 시도하였다. 그들은 별들을 살펴보았고, 또한 뜨거운 가스를 살펴보았다. 그리고 **그들이 발견한 것은 별들의 전체 질량이 약 $1.4 \times 10^{13} M_{\odot}$ 이라는 것이다. 반면에 가스의 전체양은 약 $13 \times 10^{13} M_{\odot}$ 에 달한다는 것이다. 즉 가스가 별들보다 약 10배 정도 더 많다는 것이다. 그러나 은하들의 운동을 관찰하여 추정되는 전체 질량 - 중력유발 질량 - 은 별들과 가스를 합친 질량의 약 10배 - 약 $160 \times 10^{13} M_{\odot}$ - 라는 것이었다. 그러므로 Coma 은하단에 있는 모든 물질 중에서, 전체 중력유발 질량의 약 10%가 바리온 형태로 있다는 것이다**. 이것은 앞에서 언급한 10%에 근접한다. White의 결론은 다른 은하단들과 초은하단에서 다른 천문학자들이 행한 많은 연구들에 의하여 지지를 받았다. 예로써, 중력 렌즈화 현상의 방법들을 사용하여 측정된 그것들의 질량의 양과 질량의 프로필이 알려져 있는 풍부한 은하단들이 지금 20개 정도 있다. 이 연구들은 이 은하단들에서 물질의 약 80%가 암흑물질이며, 단지 20%가 바리온 물질이다.

여기에서 충돌이 일어난다. 은하단의 전체 질량은 그것들의 은하들의 운동에 의하여 결정된다. 그래서 이 전체 중력유발 질량은 모든 보이는, 그래서 바리온인, 질량과 비교되어진다. **Zwicky와 White의 연구들에서, 암흑물질 대 바리온 물질의 비는 10:1이다. 즉 은하단에 있는 모든 질량 중에서 적어도 10%가 바리온이다. 그러나 이것이 대참사가 발생하는 곳이다. 대폭발의 핵 합성뿐만 아니**

라 적색편이 3과 현재에서의 관측들 모두가 전체 바리온 질량은 우주에서 임계 밀도로 간주한 전체질량의 오직 4%밖에 안 된다는 것을 가리키고 있다. 이것은 전체우주(4%)에서보다 은하단(12%)에서 바리온 질량의 비가 더 크다는 것을 제시해주고 있다. 그것이 발표되었을 당시에, 바리온 대참사는 많은 공황상태를 일으켰지만 그러나 그것에서 벗어날 길들이 있다.

하나의 가능한 해결책은 바리온들은 우주에 더 균일하게 퍼져있는 암흑물질보다도 더 은하단들을 향하여 집중된다는 것이다. 그러나 이론에 의한 시뮬레이션들은 이것이 그렇지 않다는 것을 보여주고 있다. 그러면 중력유발 질량의 평가에서 어떤 실수가 있을 수도 있다. 그러나 다른 방법들(X-선과 가시광선 연구들)에 기초를 둔 평가도 매우 유사한 결과들을 산출해내었다. 아마도 가스형태로 있는 질량의 양에 대한 측정에 무언가 잘못이 있는 것 같다. 결국에는 우주에 있는 바리온 질량의 대부분은 가스형태로 있다는 것을 연구들은 보여주고 있다. 그러나 이 관측들에서 잘못된 것이 무엇인지 결정하는 것은 매우 어렵다. 물론 대폭발(Big Bang) 핵 합성이 잘못이 있다고 말하면 단순할 것이다. 그러나 그것은 모두가 다소 동일한 결론에 도달한 많은 우주학자들에 의하여 연구된 것이다.

가장 쉬운 해결책은 우주의 질량(Ω_{mass})에 대한 Ω가 딱 1.0이 아니라 훨씬 더 낮다고 설정하는 것이다. 만일 은하단에 있는 바리온 질량과 중력유발 질량 사이의 비(약 10%)가 바리온 밀도와 우주의 전체 질량밀도 사이의 비와 동일하다면, 우주의 전체 질량은 0.04/0.1=0.4 즉 임계밀도의 약 40%이다. 이것은 이제 유사한 결론으로 지적해주는 다른 논의들이 있기 때문에 그렇게 큰 쇼크는 아니다. 사실상, 바리온 대참사는 우주에 있는 질량이 임계밀도를 가지고 있다고 믿는 단순한 결과 때문이다. 만일 이것이 그렇게 가정되지 않는다면, 그 문제는 사라진다.

8.12 Virgo은하단과 Coma은하단의 바리온 물질 비교

Vigo은하단과 Coma은하단에 있는 바리온 물질의 양과 분포를 비교해볼 때, 그 값들은 유사하다. Coma **은하단에 있는 전체 바리온의 물질은 약 10%(별에서 1%, 가스에서 9%)이고, 반면에 남아있는 90%는 암흑물질이다.** Vigo **은하단에서, 바리온의 비율도 또한 10%이다. 그러나 별들의(약 3%) 비율이 가스(7%)와 비교해서 좀 더 높을 것 같다.** 그럼에도 불구하고, 양쪽의 경우에서 - 그것들은 수백만 광년으로 퍼져 있는 수천 개의 은하들로 구성되어 있는 매우 큰 경우들이다 - **그 결과들은 상당히 동일하다; 즉 은하단의 운동에 의해서 함축된 질량 중에 약 1/10만이 바리온이다.** 별들은 우주에서 상대적으로 바리온 물질의 적은 저장소임을 보여주고 있다.

우리 이야기 중에서 2 가지 중요한 점이 있다. 하나는 바리온은 우주에 있는 전체 질량에서 단지 적은 비율만 차지한다는 것이다. 그것은 개개의 은하들의 작은 규모에서 발견되는 바리온들의 동일한 비율 - 10% 차수로 - 이 은하그룹이나 은하단의 더 큰 규모에서도 발견된다는 것을 강조하고 있다. 두 번째로 중요한 점은 BBNS와 높은 적색 편이와 낮은 적색편이에서의 우주를 관측한 것, 둘 다의 평가 모두는 개략적으로 일치하기 때문에, 우리가 바리온 밀도에 대해서 합당한 생각을 하고 있는 것 같다. **적색편이 3의 시대와 현재 사이에서 바리온의 90%가 사라진 것 같지는 않다. 바리온의 90%가 쉽게 사라질 수도 있었을 수 있었다. 그러나 그런 일은 발생하지 않았다.**

그래서 시각적으로 보기에 작열하고 있는 가스 사이로 헤집고 나아가는 별들에 의해 지배당하고 있는 우주 안에 우리가 앉아 있는 것이다. **그러나 별들과 은하들 그리고 은하단들은 우주의 질량 중에 단지 적은 비율만 차지한다.**

CHAPTER

09 MACHO 천문학

암흑물질은 은하들의 어두운 공륜 안에 존재한다. 그러나 그것은 어떤 형태를 취하고 있으며 우리가 그것을 어떻게 찾을 수 있는가? 한 가지 가능성은 무거운 치밀 공륜 물체들(massive compact halo objects(MACHOs))이라 불리는 물질의 집중들의 존재이다. 만일 공륜 암흑물질이 MACHOs의 형태로 존재한다면, MACHOs와 이보다 더 멀리 떨어진 별들과 같이 빛나는 물체사이에 우연히 시선 정렬이 된다면 그것들의 존재를 탐지하는 것은 가능하다. MACHO가 어떤 별 앞으로 지나칠 때, 그것이 중력렌즈화로 별의 상을 매우 특징적인 방식으로 짧은 시간동안 그것을 밝게 할 것이다. 얼마나 밝게, 얼마나 오랫동안 지속되는지는 전방의 물체의 질량과 그것이 우리와 별로부터 얼마나 멀리 떨어져 있는 가 그리고 그것이 얼마나 빨리 움직이는 가에 달려있다. 그러므로 한 별의 상이 갑자기 그리고 예기치 않게 밝아지는 것은 우리와 별 사이로 MACHO같은 무거운 어떤 것이 지나가는 것을 나타내는 것일 가능성이 있다.

9.1 역사적 개관

미소렌즈화(microlensing) 개념은 이것이 그런 적극적인 주제가 되기 오래전에 중력 렌즈화 현상에 대해 방대한 양의 기초적인 작업을 해왔던 Refsdahl까지 거슬러 올라간다. Refsdahl이 Ken Freeman에게 언급 했을 때에 그는 벌써 1960년대의 중력 미세 렌즈화 개념을 따라 잡았었다. 그러나 그는 그것의 연구를 계속 지속하지 않았었다. 1980년대 초에 Maria Petrou라는 대학원생이 캠브리지 대학에서 이 주제에 대한 논문을 썼다. Petrou는 은하수 동역학 분야에서 연구하고 있었고, 만일 은하수의 암흑물질이 은하수 공륜 안에 있는 치밀한 물체들의 형태로 존재한다면, 그것들은 배경 별에 대해서 미세 렌즈화 현상을 통해서 그 자신들을 드러낼 것이라고 지적하였다. 그러나 이 현상을 보기 위해서는 은하수 공륜 너머에 있지만 그래도 각각의 별들을 볼 수 있을 정도로 가까우며 많은 수의 별들이 요구 되어 지는 데, 어디에서 그런 것을 우리가 발견할 수 있는가? 그것은 대 마젤란 성운이다. 불행히도, Petrou는 그녀의 결과들을 발표하지 않았다. 과학계에서 발표하지 않는 것의 결과는 전혀 그 일을 하지 않은 것과 거의 동일하다. 그들의 통찰력에도 불구하고, Refsdahl과 Petrou는 그들의 기여를 완전히 알아차리지 못하였다.

MACHOs를 탐색하기 위하여 미세 렌즈화를 사용한 아이디어에 대해 보상을 받은 과학자는 Bohdan Paczynski - 놀라운 정도로 (상상력이) 풍부하며, 굉장히 똑똑한 이론가 - 이었다. 그는 한동안 프린스턴에 있는 고등학문 연구소와 프린스턴 천문대에서 연구하였다. 1986년에 미세 렌즈화 과정의 매우 간단하며 직접적인 분석을 발전시켰다; 즉 미세 렌즈화가 발생할 때 그것이 어떻게 보일 것인가? 각기 다른 질량/거리 조합들에 기초로 하여 그것이 얼마나 오랫동안 지속될 것인가? 주어진 시간동안에 얼마나 많은 것들이 보여 질 수 있을까? 하는 것들이다. 이 모든 것이 매우 간단하며, 실제적인 논문으로 발표되었고, 마침내 천문학자들에게 암흑물질을 탐색하는 한 방법으로 중력 미세 렌즈화 현상을 고려하게끔 자극하였다.

Paczynski가 이것에 대해 연구하고 있을 즈음에, Ken Freeman이 고등학문 연구소에 방문하면서 그 일이 그렇게 발생하였다. 어느 날 Paczynski가 Freeman 연구실에 찾아와서는 은하수 공륜에 있는 암흑물질을 찾는 한 방법으로서 미세 렌즈화에 대해서 이야기하기 시작했다. 그는 미세 렌즈화 사건의 통계적으로 유용한 수를 탐지하기위해서는 하루 밤에 수백만 개의 별들을 관찰하는 것이 요구되어진다는 것을 계산해 내었고, 그래서 Freeman에게 동시에 그렇게 방대한 수의 별들을 모니터 할 수 있는 어떤 방법이 있는지를 물었다. Freeman의 반응은 MACHOs를 사진술로서 - 사실상 EROS라 불리는 프랑스 천문학자들 팀에 의해서 사용되었던 기술 - 탐색할 수 있는 가능성이 있다는 것이었다. 그 방법은 대 마젤란 성운의 넓은 시야의 상을 얻기 위하여 Schmidt 망원경을 사용하는 것이 포함되었다. 그런 사진에서, 각각의 1도 평방(square degree)에 약 백만 개의 별들의 상들을 포함할 것이다. 그리고 단 한번의 Schmidt망원경의 시야는 약

천만 개의 별들을 포착한다. 문제는 그들 중에 어떤 것이 밝기에서 변화하는지를 결정하는데 있다. 이것을 하기 위해서, 각각의 15인치 평방의 사진검판은 미세밀도측정기(microdensitometer)를 사용하여서 분석되어져야할 것이고, 각각의 별의 상의 밝기는 디지털화 된 다음 어떤 변화를 탐지하기 위하여 기록들을 비교해 보아야한다. 심지어 여러 명의 한 팀이 하더라도, 이것은 매우 방대한 작업이다. 문제들을 복잡하게 만든 것은 1980년대 중반에 사진에 의한 시대가 끝나가고 있었으며, 고 해상력의 미세밀도측정기가 점차적으로 부족해지고 있었다. Freeman의 견해는 바로 이런 점들이 기술적으로 취약하여 아마도 실행할 수 없을 것이라는 것이었다. 이것은 좋은 조언이 아니었다.

그 아이디어는 1990년 어느 날까지 휴면 상태로 있었다. 그날에 Freeman은 프린스턴에서 박사 후 연구원으로 있는 Dave Bennett로부터 한 통의 e-메일을 받았다. 거기에서 그와 그의 일행들이 미세 렌즈화를 통하여 MACHOs를 탐색하려고 하는데 Stromlo 산 천문대에 있는 Freeman과 그 일행들이 참여할 의사가 있는지 어떤지를 물어보는 것이었다. 미세 렌즈화 사건들을 사진 상으로 탐색하기보다는, Lowrence Livermore 국립 연구소의 Charles Alcock의 지도 아래에서 이 팀은 전기적(electronically)으로 이 탐색을 수행하기로 하였다. 그러나 이것을 하기 위해서, 그들은 두 가지 더 재료가 필요하였다.

그중에 첫 번째는 늘어난 기간 동안에 이 탐색을 위하여 투입될 수 있는 적어도 1m 구경을 가진 망원경(이것이 실제로 충분히 크지 않을지도 있지만)이 필요하였다. 그 다음 요구는 배열된 전하결합소자(charge-coupled devices(CCDs))를 기반으로 한 거대한 전기적 상형성기(eletronic imager)였다. CCDs는 이제 허블 우주 망원경에서부터 가정용 비디오카메라까지 모든 것에서 상을 만드는 요소로서 작동하는 도체에 깔려 있는 기계이다.

그 당시에는, 천문학에서 정상적으로 사용되는 CCDs는 규모가 작았고, 하늘에서 작은 지역의 상을 맺는 데에 사용되었다. 그러나 대 마젤란 성운에서는 수백만의 별들이 있음에도 불구하고, 우리와 이들 별들 중에 어떤 것과의 사이에 MACHO와 나란히 될 기회는 아주 희박하다. 그리고 어떤 MACHO의 현상들은 하루 이내로 지속될 것으로 기대되었다. 그래서 이 빈도 이하로 모니터링 하는 것은 그 현상을 놓칠 위험이 있다. 더구나, 한 기간(act)내에서 MACHO 미세 렌즈화 현상을 포착할 기회들을 증진시키기 위하여, 천문학자들은 매일 밤 수백만 개의 별들을 모니터할 필요가 있다. 이것을 하기위해서, 요구되는 CCD는 천문학 세계에서 여태까지 보지 못하였던 크기의 것이 필요하였다. Alcock이 제안하였던 것은 위험해 보였다. 미세 랜즈화는 이론적으로 예견 되었었다. 그리고 Paczynski는 그것에 대해서 그의 논문을 섰다. 그래서 천문학자들은 낮은 통계학적 성공확률을 알고 있었지만, 그러나 간단히 말해서 그것이 작동되지 않아야 할 명확한 이유가 없었다. 그러나 아직 미세 렌즈화현상은 한 번도 관측되지 않았었다. 시도된 적이 없는 프로젝트에 그런 어마어마한 돈을 투자하는 것은 꽤 위험스럽다. 그러나 그들은 그것을 추진해 나갔다.

Lawrence Livermore 국립 연구소는 샌프란시스코에서 그리 멀리 떨어져 있지 않았다. 그래서 Alcock은 Berkley에 있는 캘리포니아 대학과 밀접한 관계를 갖게 되었다. 거기에는 그 당시 큰 물리학 그룹들 중에 하나인 Bernard Sadout가 소장으로 있는 입자 천문물리학 센터(Center for Particle Astrophysics(CfPA))가 있었다. CfPA의 주요한 목적은 엑시온(axion)과 WIMP와 같은 기묘한 암흑물질 입자들을 발견하는 것이었다. 그리고 그 작업을 위해서 입자 탐지기를 건설하기 위하여 기금이 마련되었다. CfPA 물리학자들은 또한 MACHOs를 위한 탐구를 수행하기를 원하였다. 적어도 부분적으로는 암흑물질 덩어리들의 탐색의 실패는 기묘한 암흑물질 입자들을 찾는 연구를 위하여 벌써 강화된 주장을 더 강하게 해주기 때문이다. 특출하게 능력 있는 젊은 실험 물리학자, Chris Stubbs가 CfPA에 일하고 있었다. 그는 커다란 면적의 탐지기로서 CCDs의 배열을 건설하는 문제를 시험하고 있었다. 그의 즉각적인 반응은 '이것은 쉽다!'이었다. 그러나 그 팀의 다른 멤버들은 그렇게 확신할 수 없었다. 왜냐하면 Stubbs는 천문학에 전혀 경험이 없었으며, CCDs를 가지고 작업해 본적이 없었기 때문이었다. 그럼에도 불구하고, 그런 기계는 그에게 그렇게 어렵지 않았던 것 같다. 그래서 그는 그 일을 진행하여 필요한 탐지기를 성공적으로 건설 하였다; 즉 두 개의 배열로 된 것으로 4개의 커다란 CCDs(2000×2000픽셀)의 각각은 500,000개의 별들을 동시에 상을 담을 수 있었다. 그런 배열들은 지금은 충분히 보편적이다. 그러나 십년 전 만해도 그것들은 상을 맺게 하는 기술에서 진보된 커다란 발걸음이었다.

대 마젤란 성운은 변광성들(어떤 내부적 과정으로 인해서 밝기가 변하는)로 흩뿌려져 있기 때문에, 천문학자들은 변광성의 밝기의 변화와 진짜 미세렌즈화상 사이를 구별할 수 있는 어떤 방법이 필요 하였다. 다행히도 한 방법이 있다. 변광성들은 모든 색깔에서 동일한 방법으로 밝기가 변하지 않는다. 그 변화의 곡선(plot)은 녹색 빛에서와 붉은색 빛에서 서로 다르다. 반면에 MACHO는 동일한 방식으로 모든 별빛에 영향을 줄 것이고 그래서 어떤 변화도 모든 색깔에서 동일할 것이다. Stubbs에게 그 해결책은 쉬웠다; 즉 500.000만개 별들의 상을 2가지 색깔로 동시에 기록하는 것 이었다! Stubbs는 MACHO 프로젝트에 역동적인 인물이었다. 팀원 모두가 프로그램의 성공에 중요하였지만, 만일 Stubbs의 기술적 전문성이 없었더라면 MACHO 프로젝터는 아마도 밤하늘의 빛을 보지 못하였을 것이다.

그러나 그 프로젝터에 여전히 중요한 재료하나가 더 있다; 즉 그것은 망원경이다. Stromlo 산 천문대가 이 이야기에 들어오는 곳이다. 긴 역사를 가진 이 1.2m망원경은 그 산에 있는 닫힌 돔 안에서 오랫동안 정지해 있었고, 사용되어지지 않았다; 그러나 Stromlo 산의 천문학자들과 기술자들의 보존 덕분으로 그것은 곧바로 암흑 물질을 찾는 연구에 중요한 기여를 하게 되었다. 이것이 대 멜버른 망원경(Great Melbourne Telescope) 이다.

9.2 The Great Melbourne 망원경

대 멜버른 망원경은 1868년 빅토리아 정부를 위해서 Dublin에서 Grubb에 의하여 건설되었다. 이것은 오스트렐리아의 큰 망원경 중에 최초의 것이었다. 그 당시에 그것은 세계에서 가장 크고 완전히 조종 가능한 망원경이었지만 기술적 및 광학적 문제로 골치가 아팠었다. 그것이 완성되었을 때 탁월한 망원경이 될 것으로 여겨졌음에 불구하고 그것이 멜버른에 도착하자마자 즉각 문제가 시작되었다.

먼저, 거울은 금속경(구리와 주석의 혼합물)으로 만들어 졌다. 이것은 (1850년대 후반에 은을 입힌 유리 거울로 대체 되었던) 시대에 뒤떨어진 기술이었다.

그림 9.1 원래의 모습의 Great Melbourne 망원경. 잘못된 설계와 유지로 절름발이가 되어, 그것이 천문학에서 어떤 중요한 공헌을 하기까지 수십 년을 기다려야 했었다.

더구나 유리거울은 그것의 형상에 영향을 주지 않고 은이나 알루미늄으로 재코팅 할 수 있었지만, 금속 거울은 광학적으로 다시 광을 내어야만 했다. 그리고 그것은 훨씬 더 낮은 반사율을 가진다.

멜버른 망원경의 거대한 거울은 듀블린에서 멜버른까지의 4개월의 항해기간 동안 그것의 표면을 보호하기 위하여 설락(shellac)니스로 코팅 되어있었다. 정상적으로는 설락 니스는 알코올을 가지고 제거되어져야 했다. 그러나 그 망원경을 담당하고 있던 천문학자가 메탄올과 물로서 설락 니스를 제거하였다. 그래서 한때 대단히 광이 났던 표면은 심각하게 손상을 입었다.

원래의 거울은 다른 두 번째의 거울로 대치되었다. 그러나 그 개선은 그렇게 크게 나아지지 않았다. 문제들은 잘못 설계된 설치와 바람이 불면 망원경을 진동하게 하는 구멍이 뚫린 격자 망원경통에 의하여 더 악화되었다. 긴 초점거리를

▌그림 9.2 Great Melbourne 망원경은 Stromlo산 천문대에서 다시 복원되고 수리하여서 MACHOs의 탐사에 사용되었다. 밤마다 그 망원경은 나중에 중력 마이크로렌즈 현상을 찾기 위하여 분석되어질 수백만 개의 별빛을 모으는데 사용되었다. 이 망원경은 2002년 천문대를 휩쓸고 지나간 덤불숲 화재로 소실되었다.

가지고 있는 것도 역시 도움이 되지 않았다. 왜냐하면 그런 설계는 희미한 별들과 성운들을 연구하는데 요구되는 긴 시간의 노출 사진에 이상적이지 않기 때문이다. 그 망원경은 세계적으로 중요한 연구 기구로서 굴절 망원경을 곧 대체하고 있는 반사 망원경의 진보에 손상을 입히고 있다고 심지어 비난을 받았다.

1947년에 그 망원경은 캔버라 가까이에 있는 Stromlo 산 천문대에 값싸게 팔렸고 거기에서 제 2의 인생이 시작되었다. 그것은 새로운 현대식 거울로 장착되었고, 그 원통은 새로운 광학기기를 수용하기 위하여 반으로 잘렸다. 그것은 1960년대에 광범위하게 사용되었던 매우 유용한 천체물리학 망원경이 되었다. 그리고 1970년대에 다른 모든 것들 중에서 Ben Gascoigne에 의한 마젤란 성운들에 있는 희미한 별들에 대한 매우 혁신적인 측광법(photometry)이 두드러졌다. 그것은 또한 스캔이 되는 분광 측광기(spectrophotometer)도 장착되어 있어서, 여러 박사 학위 논문들이 이 망원경으로 얻어진 데이터를 사용하여 쓰여 졌다. 그러나 1979년 즈음에 그 망원경은 대발작을 겪었고 그래서 베아링들 중에 하나가 단단히 용접되어 버렸다. 그 당시에, Stromlo 산의 재원(resources)은 쿠나바라브란 가까이에 있는 Siding Spring 천문대에 있는 새로운 2.3m 망원경에 쏟아 부어졌다. Great Melbourne 망원경을 수선할 자금이 없어, 그것은 다시 한 번 더 어둠속에서 홀로 누워 있었다.

Bennett가 Freeman과 접촉할 당시에 Stromlo 산에서 일하고 있던 이는 Peter Quinn 으로 그는 Freeman과 같이 은하 동역학 분야에서 일하고 있었다. Quinn과 Freeman은 함께 **Stromlo산 Siding Spring 천문대**의 그 당시 소장이었던 고 Alex Rodgers와 접촉하였다. Rodgers는 모험심이 강한 인물이었다. 그래서 그는 실패할 가능성을 고려하였지만 그 프로젝트를 지원하기로 결정하였다. 매우 용기 있는 결정이었다. 이것은 시도되지 않은 과학이었으며, 만일 Stromlo 산 천문대 재원의 상당한 비율을 이 프로젝트에 돌린 그의 결경과 모든 책임을 지겠다는 Rodgers의 용기가 없었더라면, 이 MACHO 프로젝트는 결코 가능하지 못하였을 것이다. 이러한 연구 프로젝트의 이동은 천문대 몇몇 스텝들 사이에는 완전히 인기가 없었다. 그럼에도 불구하고 MACHO프로젝트는 탄생하였다.

9.3 소프트웨어 개발

매일 밤마다 천만 개의 별들로부터 오는 빛을 분석하기 위해서 지상에 기반을 둔 천문학을 위하여 전에는 결코 시도된 적이 없는 크기의 데이터 전송선이 요구되었다. 어마어마한 작업의 양이 MACHO 프로젝트를 위한 소프트웨어를 준비하는데 요구되어졌었다. Tim Axelrod - 강한 기술적 배경을 가지고 있는 천문학자 - 는 Livermore에서 일하고 있었다. 그러나 1991년에 UNIX시스템의 전문가인 그의 아내 Robyn Allsman과 함께 Stromlo 산으로 왔다. 그것은 그들이 안식년으로 보내기 위한 것이었다. 그러나 그들은 이곳을 너무 좋아해서 그들은 모든 것을 팔고 이곳으로 영원히 이사하였다. Axelrod는 Stromolo산 천문대의 스텝으로 수년간 일하였고, 그녀의 와이프는 오스트렐리아 국립 대학의 슈퍼컴퓨터 설치에 선임자였었다. Tim과 Peter Quinn은 온라인 소프트웨어에 책임을 졌었고, David Bennett는 별의 측광법(photometry)에 사용되는 상 분석 소프트웨어를 개발하였다. 그런 목적을 만족시키는 상업적 데이터베이스가 없었기 때문에, 그 팀은 스스로 소프트웨어를 개발하였던 것이다. 최종 데이터베이스는 약 2천만 개의 별에 대한 정보를 가지게 되었는데 그것은 각 별마다 수백 번의 측정을 한 것이었다.

9.4 최초의 MACHO현상

관측들은 1992년 중엽에 시작되었다. 천문학자들은 특별한 특징을 가지면서 별의 밝기에서 변화는 것을 찾고 있었다. 첫째로, 그것은 앞에서 언급하였듯이 적색과 녹색 빛 양쪽에서 정확히 동일한 밝기에서 변해야 하는 방식이었다. 이것은 별 자체의 물리적 변화나 혹은 이중성계에서 일어날 수 있듯이 두 번째 별에 의해서 나타나거나 사라짐에 의하여 나타나는 변화를 배제시킨 것이다. **두 번째는, 빛의 곡선이 - 시간의 흐름에 따라 별 밝기의 곡선 - 밝게 빛나는 최고 정점을 두고 전, 후로 대칭되어야 한다는 것이다.**

오래되지 않아 최초의 현상이 나타났다. 그것은 별빛 곡선들을 모니터 하고 있었던 미국에 있는 MACHO팀원들에 의하여 발견 되었다. 그 뉴스는 곧 바로 전 세계로 퍼져 나갔다. 그 팀의 발견에 대해 흥분은 대단하였으며 Nature저널에 전면 표지에 실렸다. 그것은 금메달감의 사건(Gold Plated Event)이었다. 왜냐하면 대 마젤란 성운에 있는 별들에서 보여 진 최초의 주요한 미세렌즈화 현상이었기 때문이다. 여러 작은 현상들이 의심되었지만, GPE가 최초의 부인할 수 없는 미세렌즈화 현상이었다. 별빛의 증폭은 7만큼 되었고 빛의 곡선은 이론에서 예견하였던 대로 아름답게 대칭이었고, 두 색깔에서 차이가 없었다. 그것은 미세렌즈화 현상 - LMC에 있는 별과 지구 사이에 지나가던 MACHO에 의하여 아마도 생긴 현상 - 외에 다른 어떤 것이라고 생각할 수가 없었다.

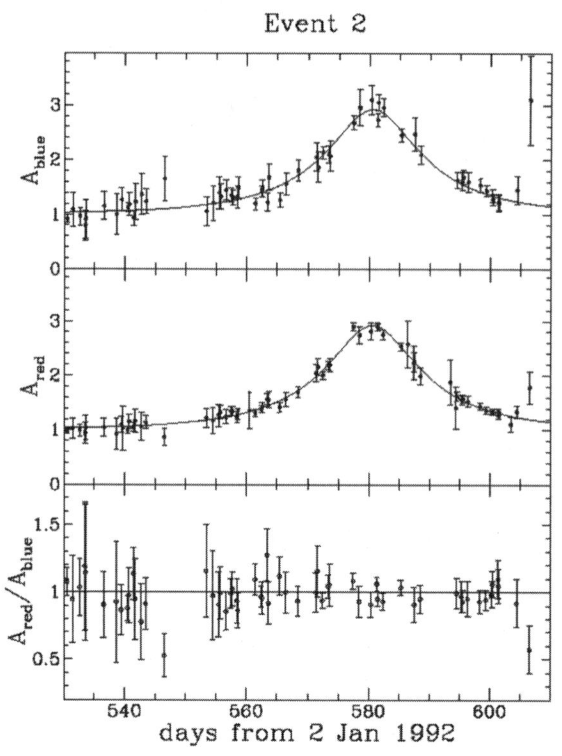

그림 9.3 MACHO 사건. MACHO가 지구와 별사이를 지나갈 때 중력 마이크로렌즈 화는 그 별의 밝기를 일시적으로 증가시킨다.

9.5 은하중심 쪽으로 보기

대 마젤란 성운은 남반구의 여름철 동안만 밤하늘에 높게 떠있다. 겨울에는 관측들이 은하수 중심을 향하여 실행되었다. 마젤란 성운들을 향하여 밖으로 바라보는 것은 은하수 중심을 바라보는 것과는 상당히 다르다. 즉 **마젤란 성운들을 향하여 밖으로 바라볼 때는 우리가 먼저 은하수 평면을 통과한 다음, 그 다음 공륜을 통하여 보고, 그리고 그 다음 LMC를 보게 된다. 이 방향에서는 MACHO팀은 매년 약 3개의 미세렌즈화 현상을 보곤 한다. 그러나 이와 대조적으로 은하수 중심을 향하여 볼 때는 매년 약 50개의 미세렌즈화 현상을 본다. 이 현상들은 아마도 암흑물질과 관계가 없을 것이다. 왜냐하면 그것들은 대부분 아마도 전방의 별들이 다른 별들을 미세렌즈화 시키는 것으로 생각되기 때**

문이다. 그러나 그 팀이 생각하는 것보다 안쪽의 은하수를 향해서 볼 때, 너무 많은 미세렌즈화 현상이 있다는 것이다. 이것은 여전히 이해가 되지 않고 있다. 우리가 사용하고 있는 은하수 모델에 잘못된 무엇인가 있을지도 모르며 혹은 우리가 전에 생각하였던 것보다 은하수 안쪽부분을 향하여 훨씬 더 많은 암흑물질이 있을지도 모른다. 그것이 그렇지 않을 것임에도 불구하고, 은하수 중심을 향하여 발생하는 이 미세렌즈화 현상은 결국 관련된 암흑물질일 가능성이 있다.

9.6 결과들

이 글을 쓸 당시에(2005년) 그 팀은 그것의 관측들을 완성하였고, 7년의 데이터를 분석하는데 관여하였다. **만일 마젤란 성운의 방향으로 본 그 미세 렌즈화 현상들이 공륜 안에 있는 암흑물질 물체들로 인한 것이라면, 그것들은 태양 질량의 반 정도 되는 물체들로 생각되며, 우리가 공륜을 묘사하는데 필요한 수의 반 이하의 수를 차지하는 것 같다.** 현재 그 팀이 연구를 완성하였을 때 이 불확실성이 더 작아지겠지만, **그 물체들의 질량은 0.3~0.8태양질량의 범위에 걸쳐 있다.** 이것이 천문학자들에게 MACHOs가 무엇인지 말해주지는 않지만, **태양질량의 약 0.1배인 갈색왜성들을 배제**시키는 것 같다. **백색왜성들 - 약 0.6의 태양질량을 가진 죽은 별들의 희미한 잔해들 - 이 MACHOs에 대한 흥미로운 가능성을 가지고 있다.** 지금은 여러 팀이 하늘에서 그것들의 겉보기 운동을 통하여 그것들을 탐지해내는 다른 기술들을 사용하여 백색왜성들의 무리들을 찾고자 매우 분주하다.

9.7 문제들과 불확실성

여전히 모든 천문학자 전부 다가 우리 은하수 공륜 안에 있는 MACHO들을 MACHO프로젝트가 탐지하였다고 동의하지는 않는다. 그들은 주장하기를 마젤란 성운들의 별들은 평평한 평면에 놓여 있지 않지만 그 대신에 시선 방향을 따

라 널리 흩어져 있다는 것이다. 그러므로 어떤 미세렌즈화 현상들은 마젤란 성운안의 별들이 다른 별들의 앞을 지나치면서 발생할 수도 있다는 것이다. 이 비판에서 더 나아간 공격수단은 소 마젤란 성운에서 단지 2개의 사건만 목격되었다는 사실이다. 그리고 적어도 하나는 이중성 물체이라는 것이 판명되었다. 이중성 물체가 관여될 때, 렌즈까지의 거리를 재는 것은 간혹 가능하다.

한 개의 물체에 의하여 한 개의 별이 렌즈화 되는 간단한 경우에, 정말로 중요한 변수는 미세렌즈화 현상의 지속시간이다. 이것은 렌즈의 질량과 그것이 별들에 대한 상대적으로 놓인 위치 그리고 그것이 얼마나 빨리 움직이느냐에 달려 있다. 렌즈의 위치들과 렌즈의 속도들(이것은 단지 어떤 위치에 어떤 속도로 운동하고 있는 렌즈를 발견할 수 있다는 기회를 의미한다)의 가능한 분포들을 알고 있다고 우리는 생각한다. 반면에 증폭은 우리와 별사이에서 렌즈화를 일으키는 물체가 얼마나 가까이 있는지를 나타낸다 - 이것은 그렇게 유용하지 못하다.

이중성 렌즈의 경우에는, 전체 렌즈화 계산은 훨씬 더 복잡하다. 그러나 그것은 렌즈의 실제거리를 측정하는 것은 간혹 가능하게 한다. 그것은 우연히 마젤란 성운에 상당히 가까이 놓여 있을 때도 있다.

렌즈가 우리와 별사이 거의 중간지점에 있을 때, 렌즈화 현상을 볼 기회가 가장 크다. 렌즈와 별이 더 가까이 있으면, 그 현상을 보게 될 기회들은 매우 작아진다. 이것이 대 마젤란 성운에서 보여지는 MACHO사건들이 다른 LMC 별들의 렌즈화는 LMC 자체의 별들에 의하여 만들어진 것이라고 대부분의 사람들이 믿지 않는 이유이다. LMC는 거의 정면이 보이는 상당히 평평한 은하이다. 그래서 렌즈화현상이 일으키는 렌즈들과 별들은 시선방향을 따라 서로 상당히 근접해 있어야 한다. 이것이 LMC경우에 오히려 염려되는 것이다. 반면에 SMC에 대해서는 훨씬 덜 염려스럽다. 왜냐하면 SMC는 전혀 평평하지 않으며 시선 방향을 따라 잡아 늘어져 있다. 그래서 우리는 다른 SMC별들을 렌즈화하게 하는 SMC 자체 별들을 발견할 것을 기대한다.

9.8 마젤란 흐름의 찌꺼기

더 큰 관심사는 미세렌즈화 현상들이 전혀 암흑물질을 가리키는 것이 아니라 오히려 우리와 마젤란 성운들 사이에 놓여 있을지도 모르는 조석(tidal)물질의 파편들에 의하여 우리가 미세렌즈화 현상을 보는 것인지에 대한 가능성이다. 여태까지는 (단원5에서 논의한 것 같이) 마젤란 흐름에서 수십 년간의 별들을 찾았음에도 불구하고 오직 가스만이 보였다. 그러나 단지 별들이 거기에 있다고 가정을 한다면 (대 마젤란 성운 앞쪽에 10～15kpc 되는 곳이거나 혹은 그 뒤라고 해도 상관이 없다) 어쩐 경우이던지, 미세렌즈화 현상들의 수는 우리가 현재 보는 수이다. 천문학자들은 MACHO 데이터베이스 측광법에서 또한 독립된 프로젝트들에서 이 조석 파편들을 찾아왔었다. **우리와 LMC사이에 있는 파편들이 LMC 그 안에 있는 동일한 종류의 변광성보다 약간 더 밝아지는 변광성으로서 나타났을 수도 있다. 그렇지만 여태까지 이 조석 파편의 신호는 없었다. 그러나 그것은 아직까지 완전히 닫힌 질문은 아니다.**

현재의 시점에서 대부분의 천문학자들은 MACHO 프로젝트가 은하수 공륜 안에 있는 렌즈화 현상을 일으키는 물체들을 탐지하였다고 믿고 있다. 그러나 그것들로는 공륜에 존재하는 것으로 알려진 암흑물질 모두를 설명하는 데는 충분하지 못하다. 많아야 20%밖에 설명하지 못한다.

9.9 아무런 것을 찾지 못하여도 남아 있는 변광성들의 많은 자료

만일 미세렌즈화가 존재하지 않는 것으로 판명 될지라도, MACHO 프로젝트의 매우 긍정적인 면이 남아 있다. **밤마다 2천만 개의 별들을 모니터 하는 것은 변광성들에 대한 어마어마한 양의 데이터를 그 결과로 남겨 놓은 것이다.** 그리고 많은 논문들이 발표되었다. 다른 많은 이들이 암흑물질과 관계없는 프로젝트들을 위하여 이것의 결과들을 그 이후로 쭉 사용하고 있다. 그리고 별들에 대한 많은 양의 과학이 그 프로젝트에서 나왔다.

9.10 태양계 밖의 행성들을 찾는 것

MACHO 프로젝트가 은하수의 심장부를 보게 되는 겨울 동안에, 평균적으로 하루 밤에 거의 하나씩 미세렌즈 현상을 보곤 하였다. 앞에서 언급하였듯이, 은하수의 중심 쪽으로 바라보는 것은 별들에 의해서 주로 그 별들 자체에 의한 렌즈화 현상들이었다. **지금은 만일 렌즈화 현상에 관여한 별이 희미한 동반성이나 혹은 행성들을 갖고 있다면, 원칙적으로 행성의 사인을 렌즈화 곡선에서 볼 수 있을 것이다. 그것은 상당히 짧은 시간에 – 아마도 한 시간 정도 – 살아남은 소수의 함몰들과 돌출들을 가진 상당히 복잡한 광선 곡선을 만들어 낼 것이다. 그래서 (현재 가장 뜨거운 토픽인) 행성을 찾는 방법들 중에 하나가 미세렌즈화 현상을 이용하는 것이다.** 어떤 별이 미세렌즈화가 일어난 것이 알려지자마자 그것은 매우 집중적으로 - 아마도 그것을 지속적으로 모니터하고 있는 전 세계의 망원경 그물망을 가지고 - 연구되어질 수 있다. 이것은 한 관측소 - 말하자면 Stromlo산 천문대 - 가 해 뜰 시간이 되었을 때, 서쪽에 멀리 떨어진 또 다른 관측소 - 소위 남아프리카에서 - 연계를 하여 의심되는 별을 계속 모니터링을 할 수 있다는 것을 의미한다. 그래서 이것을 행하는 한 쌍의 그룹들이 있다. 자동화된 경보 시스템이 항상 데이터베이스에 응답지령신호를 보내어 흥미로운 방식으로 행동하는 어떤 별들에 대해서 천문학자들을 업데이트 시킨다. 별의 밝기가 탐지되고 그것이 알려진 변광성이 아니라는 것 밝혀질 때, 수많은 e-mail이 그것이 어떤 별인지, 그것이 어디에 있는지, 그것이 무엇을 하고 있는지 천문학자들에게 물어보기 위하여 보내진다. 이것은 매일 기초위에 업데이트되며, 천문학자들에게 행동을 취할 기회를 제공해준다. 우리가 하는 방식대로 밤에 한 번 내지 두 번 별을 단지 체크하는 대신에, **그들은 다만 앉아서 행성의 신호가 있는지 그것을 모니터하기만 한다. 그 결과들은 성공할 가망이 높았으며 드디어 이중성을 돌고 있는 행성을 최초로 탐지하게 되었다. 더구나 이 기술은 태양 같은 별들을 돌고 있는 생명이 살기에 적합한 지구 크기의 행성들을 탐지해내는데 알려진 유일한 방식이다.**

9.11 MACHO의 미래

원래의 MACHO 프로젝트로부터 더 많은 것을 얻기 위해서, 그것은 상당히 오랜 기간 운영되어야 한다. 더 많은 현상들이 관측되어질 때, 에러들은 현상들의 수의 제곱근에 비례해서 감소한다. 예로서, 통계적 불확실성을 반으로 줄이기 위해서는 4배의 현상들의 수가 요구되어진다. 그래서 실험은 - 앞으로 24년 더 - 3번 더 반복되어야 할 필요가 있다. 그래서 MACHO 천문학자들은 그것을 밤(night)이라고 불렀다. MACHO 프로젝트는 마젤란 성운들과 우리 은하수 팽대부를 향해서 많은 미세렌즈화 현상들을 탐지한 후 1999년 완결되었다. 그 후 이 장비들은 우리의 고향에 가까이에 있는 물체들을 찾는 데로 돌려졌다. 즉 태양계의 외곽부분에 해왕성 너머에 있는 물체들이다.

2003년에 잡목림 산불이 Stromlo 산 주위의 시골 지역을 덮쳐 천문대를 완전히 파괴해버렸다. 이것은 역사적인 탐구시설의 끔찍한 손실일 뿐만 아니라 대체할 수 없는 역사적인 기록들과 장비, 그리고 교수 시설들도 또한 파괴되었다. 그런 끔찍한 손실에도 불구하고, 다행히도 MACHO 프로젝트에서 나온 데이터는 오스트렐리아 국립 대학교와 미국에 안전하게 보관되어 있다.

탐색은 계속되고 있다. (앞에서 언급한) EROS프로젝트 같은 다른 연구 그룹들도 또한 MACHO들을 찾고 있다. EROS와 Polish미국 팀 둘 다는 지금 칠레에서 1m 망원경들과 커다란 현대식 탐지기들을 운용하고 있다. 칠레는 Stromlo 산보다 기후와 천문학적 관측에 훨씬 더 좋다.

CHAPTER

10 물질은 무엇일 수 있는가?

10.1 바리온 암흑물질; 왜 그것이 의심스러운 가?

최근까지 암흑물질이 바리온이라는 상당한 지지가 있었다. 우리는 빅뱅 핵합성 BBNS 이론으로부터 받은 약 $\Omega_b = 0.04$이라는 숫자를 가지고 있다. 즉 BBNS (Big Bang Nucleosynthesis)는 바리온 물질의 양은 임계밀도의 약 4%정도를 구성하고 있다고 예견하였다. 보이는 물질은 이 양의 단지 약 1/5정도를 차지하고 있다. 그러나 암흑 공륜물질이 더해질 때, 그것들은 예견된 대로 임계밀도의 약 4%를 이루게 된다. 이것은 약 1년 전(2004년)까지만 해도 거기 바깥(공륜)에는 아직 보이지 않은 많은 암흑물질이 있을 것이라는 생각을 고무시켰다. 그러나 그 후에 거기에 어마어마한 양의 뜨거운 가스가 있음을 알아차렸고, 그것은 빅뱅 핵합성BBNS(Big Bang Nucleosynthesis)에 의하여 허용된 바리온의 예상되는 양의 많은 부분을 설명해주고 있다.

요즈음에는, 보이는 바리온 물질 – 별들, 가스, 모든 것 – 을 전부 합쳤을 때, 그 수는 z=3일 때와 현 시대 둘 다에서 거의 같다고 보고있다. 그러나 관련된 오차들은 여전히 매우 높다. **그리고 암흑물질이 바리온일 것이라고 생각하는 지지는 증발해 버렸다. 그럼에도 불구하고, 암흑물질이 바리온인지 비–바리온인지에 대한 것을 탐색해보는 것은 여전히 가치가 있는 것이다.** 그렇게 하는데 있어서, 천문학자들은 암흑물질 후보가 무엇인지 설명을 할 필요가 있을 뿐만 아니라 그것이 거기에 어떻게 있게 되었는지를 설명하여야 한다. 가장 이상적인 것은 그 후보가 무엇인지에 대한 증거를 제공하는 것이다.

10.2 희미한 별들

바리온의 선택을 하게 되면, 다소간 배제할 수 있는 물체들은 확실히 희미한 별들이 포함된다. 천문학자들은 한 때 우주는 많은 난장이 별들 - (나중에 간단히 고려할) 갈색 왜성들이 아니라 단지 매우 희미한 별들 - 을 포함하고 있다고 생각하였다. 허블 우주 망원경은 우주 관측에서 여러 시리즈의 긴 관측들을 수행하였다. 그래서 **우리는 현재 매우 희미한 별들의 무리에 대한 매우 훌륭한 조사를 가지고 있다. 즉 그렇게 많은 별들이 우리 가까이에는 없다는 것이다. 그러므로 이 단계에서, 희미하지만 정상적인 별들은 그림에서 빠진다.** 더구나 MACHO 프로젝트와 프랑스의 EROS실험은 현재 0.0000001 ~ 0.1 태양질량을 가진 어떤 것도 배제시켰다. 만일 그런 물체들이 치밀한 덩어리로서 존재한다면, 우리는 그것들을 보았을 것이다.

10.3 작은 수소 눈덩어리들

우리가 언급하지만 거의 즉각적으로 배제되는 몇 개의 다른 후보들이 있다. 예로서 0.0000001 태양질량 이하의 질량을 가진 작은 수소 눈덩어리이다. 그러나 이론은 그런 물체들이 우주의 배경복사 안에서 빠르게 증발할 것임을 보여주었다. 또 다른 가능성은 평균 집 벽돌의 무게를 가진 매우 작은 물체들일지도 모른다. 그러나 만일 그것들이 충분히 있다면, 지구의 하늘을 통하여 쏟아지는 고속의 유성들을 경험하게 될 것이다. 명백히 우리는 천상으로부터 떨어지는 그런 물체를 보지 못하였다. 그래서 부정적인 결과들이기는 하나 당신이 암흑물질 조사에 참여하고 있는 쾌청하고 유성이 없는 밤 아래에서 매순간 걸어 다닐 수 있는 것이다.

10.4 거대한 블랙홀들

암흑 물질 문제에 기여할지 모르는 또 다른 이상한 짐승이 아직 있다. 우주에 있는 모든 물질은 중력에 의한 인력을 가지고 있다. 그리고 우리가 보았듯이, 중력이 있는 물체들은 당신이나 우주선과 로켓들을 그들을 향하여 당길 뿐만 아니라 빛도 당긴다. 이 현상은 Einstein의 일반상대성이론의 증명으로서 1919년 Eddington에 의하여 처음으로 보여졌었다. 그리고 그 이후로 중력 렌즈의 형태로서 찬란한 모양으로 보여졌다. 그러나 이 모든 것은 단순히 빛이 굽은 것에 의한 것이다. 그런데 만일 빛이 영원히 갇혀 버리면 어떻게 되는가? 매우 밀도가 높아 아무것도 - 심지어 빛까지도 - 그것의 중력 손아귀에서 탈출할 수 없는 물체를 상상해 보자. 외부에 있는 관측자에게는, 그것들은 모든 것 - 모든 물질과 빛 - 이 그 속으로 떨어지며 우리의 우주공간에서 영원히 사라지는 하나의 구멍처럼 보일 것이다. 그런 기괴한 물체들이 암흑 물질의 설명이 될까? 그것들 대부분은 거대하며, 그리고 모두 다 확실히 검다! 많은 은하들이 그 중심에 블랙홀을 가지고 있는 것으로 지금은 알려져 있고 은하수도 예외는 아니다. 이것은 암흑 물질의 꽤 다른 형태이다. 그리고 그것을 찾는 데에 대해서 전적으로 다른 기술들이 요구된다. 블랙홀은 공륜 암흑 물질의 반대 쪽 극단에 있는, 바로 우리은하수의 중심에 있는 거대한 물체이다. 그것의 질량은 약 3백만 태양 질량으로 어마어마한 것 같다. 그러나 체계상 당연히 그렇게 큰 것이 아니다. 즉 그것은 단지 커다란 구상 성단의 질량 정도이다. 흥미로운 것은 블랙홀은 검다 라는 것이다. 그리고 활동적인 은하핵들인 퀘이사와 다른 강한 전파 발생원들은 블랙홀에 의해서 동력을 공급받고 있다. 블랙홀의 동력은 그것 안으로 떨어지는 물질에 의하여 생산 된다 - 어마어마한 양의 에너지를 방출하는 과정이다. 이 중력에너지는 어디론가 가야 한다. 그것을 전파나 빛으로 전환시키는 방법들이 있다

이제까지 활동 은하에서 블랙홀을 찾는 것은 매우 어려웠다. 사용되는 기술들은 그 핵이 활동적이기 때문에 위태롭게 된다. 그리고 무엇이 그 모든 격동을 야기 시키는지를 결정하는 것은 가능하지가 않다! 그래서 발견된 대부분의 블랙홀은 상대적으로 조용한 은하들에서 발견되었다. 이 은하들은 한때에는 활동적이었을지 모른다. 그러나 그것들은 현재 활동성이 부족하여 블랙홀을 볼 수

있는 것이다. 예로서, 우리 은하수 중심에 SgrA*(Sagittarius A star)라 불리는 전파 발생원이 있다. 이 물체의 발견은 블랙홀에 대한 탐색을 자극하였다. 그것에 의하여 은하수의 바로 그 중심 부근에 있는 별들의 운동이 관측되었다. 이것은 매우 어려운 작업이었다. 왜냐하면 그 중심은 먼지에 의하여 희미하게 보이기 때문이다.

그러나 적외선에서는 먼지에 의하여 야기된 문제들이 크게 감소한다. 그리고 최근에 두 그룹이 적외선으로 은하수 중심 매우 가까이 있는 별들의 운동을 연구하였었다. 정말로 흥미로운 정보가 별들의 횡 운동을 측정하고자 한 그들의 시도에서 나왔다. 은하수 중심에 더 가까운 별 일수록 그 별은 블랙홀에 빨려 들어가는 것처럼 하다가 더 빠르게 탈출하였던 것이다. 그래서 블랙홀의 크기를 결정하기 위하여, 천문학자들은 은하수에 가장 안쪽의 별들의 운동 속도들을 측정하는 것을 착수하였다.

이 연구를 위하여 사용된 기술들은 정밀하였다. 여기서 별들의 보이는 운동들은 아주 작다. 그래서 지구 대기의 교란으로 인하여 그것들을 보는 것은 거의 불가능하다. 별들은 그것들의 빛이 지구의 대기에 의해 교란되고 흐릿해지기 때문에 밤하늘에서 반짝이는 것처럼 보인다. 그것들이 육안으로 선명하고 밝게 보일지라도, 최첨단 망원경을 사용하는 현대 천문학자들에게 그것은 수영장의 가장자리에 서서 수영장 바닥에 있는 책을 읽으려고 하는 것과 같다. 전체 책장은 볼 수 있으나 그 단어들은 희미하게 보인다. 희미한 별의 상뿐만 아니라 지구의 대기는 무작위로 예측할 수 없는 방식으로 별 주위를 움직인다. 그래서 이것은 망원경의 시야에서 별을 춤추게 만든다. 그러나 천문학자들은 이 문제를 어떻게든 제거하였다. 한 방법은 '**적응 광학**(adaptive optics)' 을 사용하는 것이다. **그것을 가지고 지상의 망원경도 허블 우주 망원경에 의하여 생산되는 상들과 동일한 해상력의 상들을 생산할 수 있다.** 적응 광학은 지구 대기의 영향들을 중화시키고, 기울일 수 있으며 형태 변형이 가능한 거울들의 시스템을 갖고 있다. 간단히 말해서 매순간 상이 움직일 때마다 그에 해당하는 만큼 거울이 따라 움직여 그것이 선명하고 깨끗하게 초점에 맺히도록 계속 유지하게 한다.

또 다른 대체되는 기술은 미국 그룹에 의하여 사용된 '**반점 간섭측정기**(speckle interferometry)'이다. **이것은 매우 큰 망원경으로 매우 짧게** (50 ms

밀리초) 노출을 시키는 것이다. 별의 각각의 상은 대기의 교란에 의하여 아주 많은 밝고 작은 반점으로 쪼개지게 되고, 이 반점들 각각은 망원경이 우주공간에 있을지라도 망원경의 해상력의 물리적 한계에 해당하는 크기를 가진다. 많은 양의 공정을 거쳐, 천문학자들은 허블 우주 망원경으로 볼 수 있는 고 해상도의 상세한 모습을 가진 상을 재건할 수 있다. **이것은 적응 광학만큼 매우 정밀하지 못하다. 그러나 그것은 훨씬 더 값이 싸다.**

이 두 가지의 방법들은 은하수 심장부 가까이에 있는 동일한 별들의 운동을 측정하기 위하여 독립적으로 사용되었었다. 그리고 그들은 거의 일치하는 결과들을 획득하였다. 별들의 속도는 믿을 수 없을 정도로 컸다 : 즉 2000km/s 정도였다! 이것을 은하수의 중심으로부터 약 2/3 정도 떨어진 태양의 운동속도가 200km/s인 것과 비교해보라. 이런 속도를 만들어내는데 필요한 중앙에 있는 블랙홀의 질량은 어마어마한 2,700,000 태양질량이다. 이 발견은 1997년에 뉴스로서 발표되었을 때 커다란 흥분을 일으켰던 찬란한 관측 작업들 중에 하나임을 나타내고 있다.

이 아이디어는 여태까지 우리가 논의 하였던 것들과 좀 다른 암흑물질의 모습으로 이끈다. 예로서 아무도 블랙홀이 어떻게 형성되는지 모르고 있다. 그것들은 아마도 은하수 형성의 초기 무대동안에 암흑물질보다는 가스로부터 형성되었던 것 같다. 그리고 어느 시점에 그것들은 그 자체가 붕괴하였다. 블랙홀의 형성은 잘 이해되어 있지 않음에도 불구하고, 그것들은 우리 은하수 같이 중앙의 팽대부를 가진 대부분의 은하중심에 있다고 여겨진다.

우리는 여태까지 우리 은하 중심에 있는 블랙홀만 논의하였다. 그러나 백만 태양 질량을 가진 물체들이 초기 우주에서 형성되어 블랙홀이 될 수 있지만, 반드시 은하들 중심에 있을 필요는 없다. 그래서 천문학자들은 한동안 그런 백만 태양질량의 블랙홀들이 암흑물질의 형태를 만들고 있을지도 모른다고 의심하였었다. 그리고 우리 은하수의 암흑공륜이 이 물체들의 약 백만 개 정도로 구성되어 있다고 상상하였다. 그것들이 바리온으로서 취급하든지 안 하든지는 취향의 문제이다. 그러나 그것들은 우주의 질량에 상당한 기여를 하고 있다. 그런 아이디어는 또한 다른 문제를 해결하는데 도움을 준다. 만일 공륜이 백만 태양 질량의 물체들로 가득 차 있다면, 그것들은 가끔 그리고 무작위로 은하수의 원반을

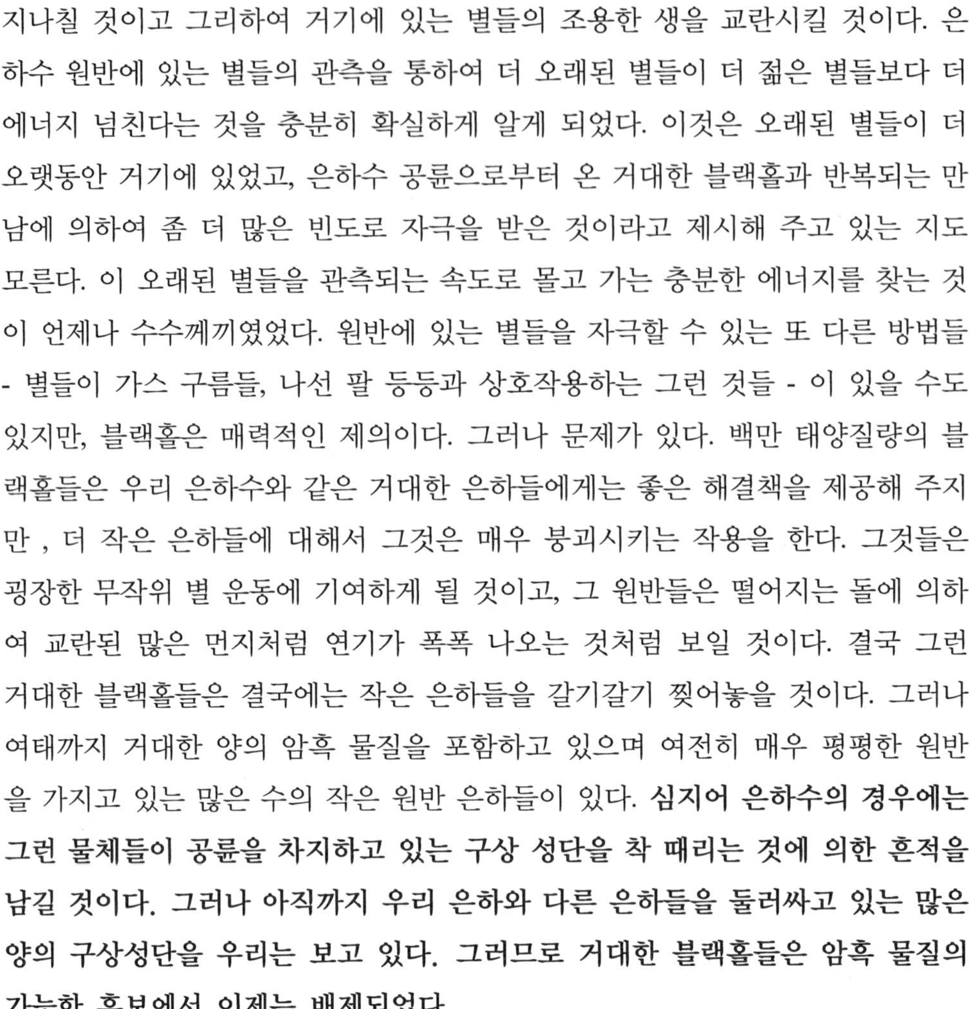

지나칠 것이고 그리하여 거기에 있는 별들의 조용한 생을 교란시킬 것이다. 은하수 원반에 있는 별들의 관측을 통하여 더 오래된 별들이 더 젊은 별들보다 더 에너지 넘친다는 것을 충분히 확실하게 알게 되었다. 이것은 오래된 별들이 더 오랫동안 거기에 있었고, 은하수 공륜으로부터 온 거대한 블랙홀과 반복되는 만남에 의하여 좀 더 많은 빈도로 자극을 받은 것이라고 제시해 주고 있는 지도 모른다. 이 오래된 별들을 관측되는 속도로 몰고 가는 충분한 에너지를 찾는 것이 언제나 수수께끼였었다. 원반에 있는 별들을 자극할 수 있는 또 다른 방법들 - 별들이 가스 구름들, 나선 팔 등등과 상호작용하는 그런 것들 - 이 있을 수도 있지만, 블랙홀은 매력적인 제의이다. 그러나 문제가 있다. 백만 태양질량의 블랙홀들은 우리 은하수와 같은 거대한 은하들에게는 좋은 해결책을 제공해 주지만 , 더 작은 은하들에 대해서 그것은 매우 붕괴시키는 작용을 한다. 그것들은 굉장한 무작위 별 운동에 기여하게 될 것이고, 그 원반들은 떨어지는 돌에 의하여 교란된 많은 먼지처럼 연기가 폭폭 나오는 것처럼 보일 것이다. 결국 그런 거대한 블랙홀들은 결국에는 작은 은하들을 갈기갈기 찢어놓을 것이다. 그러나 여태까지 거대한 양의 암흑 물질을 포함하고 있으며 여전히 매우 평평한 원반을 가지고 있는 많은 수의 작은 원반 은하들이 있다. **심지어 은하수의 경우에는 그런 물체들이 공륜을 차지하고 있는 구상 성단을 착 때리는 것에 의한 흔적을 남길 것이다. 그러나 아직까지 우리 은하와 다른 은하들을 둘러싸고 있는 많은 양의 구상성단을 우리는 보고 있다. 그러므로 거대한 블랙홀들은 암흑 물질의 가능한 후보에서 이제는 배제되었다.**

10.5 작은 블랙홀들

더 작은 블랙홀들 - 약 1000 태양질량 - 을 가지는 것은 여전히 가능하다. 이러한 점에서, **관측의 마당에서 그것들을 배제하는 것은 어렵다.** 예로써 MACHO 실험은 그것들을 탐지하지 못하였다. 왜냐하면 이 정도의 질량을 가진 블랙홀에 의하여 렌즈화되는 별이 밝아지는 것과 다시 희미해지는 전형적인 시간이 너무 길기 때문이다. 즉 약 15년 걸린다. 어떤 경우에서든지, 그런 물체들이 최초의 장소에서 어떻게 형성 되었지에 대한 설명이 있어야 할 필요가 여전히 있다.

10.6 밀도 있는 작은 구름들

천문학자들이 여전히 좋아하는 하나의 바리온 후보는 공륜을 차지하고 있는 치밀하고, 차갑고, 밀도 높은 구름이다. 만일 이 구름들이 존재 한다면, 그것들은 전형적으로 0.001 태양질량 – 목성의 무게와 비슷한 – 이어야 할 것이다. 그렇지 않으면 그것들이 스스로 붕괴하여 별이 형성되는 것을 거의 막지 못할 것이기 때문이다. 더구나 그것들이 서로 간에 충돌하지 않고 별들을 형성할 수 있는 충분한 질량으로 모이는 어떤 이유가 있음이 틀림없다. 그리고 그것들은 전혀 보이지 않기 때문에, 그것들을 탐지하기가 매우 어려울 것이다. 이것은 그것들이 어둡고(그것들은 그것들을 비춰줄 별들을 가지고 있지 않다) 차가울 뿐이다. 그것은 작아야 - 약 1pc(파섹)정도 - 한다. 그러나 왜 작을까? 만일 그것들이 크다면, 그것들은 퀘이사 같은 멀리 떨어진 광원으로부터 온 복사선을 흡수하여 전파 천문학자들에게 그 자신들을 드러내었을 것이다. 그러므로 이 구름들은 발견하기가 매우 어렵다.

MACHO 프로젝트로부터 약 0.5 태양질량의 물체들이 공륜 안에 있다고 우리는 말할 수 있다. 이 질량 범위에 딱 떨어지는 매우 자연스런 후보가 오래된 – 그래서 매우 희미한– 백색왜성 이다. 백색 왜성들은 대략 태양질량을 가진 별들의 죽은 잔류물로서 지구 크기의 구로 쪼그라들어 있는 것이다. 그것들은 끔찍한 혼잡을 만들어 놓는 불이익을 가지고 있다. 백색왜성이 되어가는 과정에서 별은 많은 탄소와 질소를 생산할 것이다. 0.5태양질량의 백색왜성을 만들기 위하여, 그 과정은 아마도 2~3배 태양질량의 질량을 가진 어떤 것을 가지고 시작되어야 한다. 2배 태양질량의 농축된 물질은 성간 매질로 재순환되어진다. 그것이 공륜에서 탄소를 내뿜는 디젤엔진의 전체수가 될 것이다. 그러나 바깥거기(공륜)에는 그렇게 많은 탄소가 없다. 그래 맞다. 농축된 물질이 어떤 방식으로 제거되었을지도 모른다. 그러나 여태까지 은하수 공륜을 깨끗이 하는 것은 탐지되지 않을 만큼 그렇게 복잡한 메커니즘들을 수반한다.

암흑물질의 소스로서 백색왜성을 반대하는 또 다른 논의는 다음의 의문이다; 그것들이 언제 만들어 졌는가? 백색왜성이 상당히 많은 질량을 설명한다는 것을 고려할 때 백색왜성의 형성은 암흑물질을 만들기에는 상당히 비효율적인 방

법이다. 별의 형성, 진화 그리고 백색왜성 형성의 과정은 원래의 성간 물질의 약 1/4이 백색왜성으로서 묶여 있다. 그 나머지는 우주 공간으로 되돌려진다. 은하 질량의 90%를 이런 형태로 묶어두기 위해서는, 백색왜성을 창조하기 위하여 필요한 별의 진화 과정은 여러 번 완성되어졌어야 할 것이다. 이 모든 것은 시간이 걸린다. 별의 형성과 진화의 충분한 수의 순환이 일어나기 위해서는 우주의 일생에서 상당한 부분의 시간이 걸릴 것이다. 천문학자들은 우주의 암흑물질의 저장소로서 백색왜성들의 장점에 대해 계속 논의 중에 있다. 그러나 그 아이디어는 문제점들을 가지고 있다.

또 두 종류의 거대한 별들이 암흑물질 후보들이 될 수도 있다; 즉 대략 태양질량 정도 되는 중성자별들과 20~100태양질량정도의 블랙홀들이다. 둘 다는 초신성에서 폭발하였던 거대 별들의 핵일 것이다. 여기서도 중성자별이나 블랙홀을 창조하는 과정에서 보이지 않는 많은 농축된 가스가 분출되어 진다.

만일 백색왜성, 중성자별, 블랙홀들의 형성이 암흑물질 문제의 답이라면, 이것이 언제 일어났어야 하는지가 명확하지 않다. 그러나 아마도 그것은 별 형성으로 만들어진 은하 이전이어야 할 것이다. 은하들이 형성되기 오래전에, 우주는 별의 형성의 최고조를 겪었을지도 모른다. 그러나 우주 배경에서 보여 지는 얼마나 많은 적외선이 있는가에 관한 것에 의해 이것에 반대하는 많은 종류의 이견들이 있다. 그래서 이 아이디어도 그렇게 건강하게 보이지 않는다.

10.7 갈색 왜성들

MACHO **전에 매우 인기 있는 한 후보는 갈색왜성이었다.** 이것은 핵 발전을 시작하여 별들을 형성할 만큼 충분한 질량을 가지지 못한 물체들이다. 이 물체들은 0.001~0.1태양질량의 범위에 있다. 다시 말해서 이 물체들은 은하들이 나타나기 이전에 창조되었을 것이다. 그것들도 또한 더 좋은 해결책일 수도 있다. 그런데 만일 초기 우주에서 갈색왜성 창조의 최고조가 있었다고 한다면, 그것이 일어났다고 하는 증거가 없다. 그러나 한번 형성되기만 하면 그것들은 암흑 물질처럼 행동할 것이다.

MACHO프로젝트가 계획될 당시에는 갈색 왜성들이 선호되는 후보였었다. 그래서 MACHO는 약 0.1 태양질량 - 갈색왜성 크기 - 을 가진 물체들을 발견할 수 있도록 설계되었다. 그 이유는 그것은 단순히 천문학자들이 기대하였던 것이기 때문이었다. 갈색왜성들은 우리 은하 원반에서 작은 수로 발견되었었다. 한동안 이 하찮은 갈색왜성이 은하수 공륜에 있는 암흑물질에 상당한 기여를 할 것으로 기대되었다. **즉 그것들은 큰 질량을 갖고 있지 않지만, 많은 수가 있는 것은 가능하기 때문이었다. 그러나 현재에는 그렇지 않은 것으로 본다. MACHO로 알아낸 것은, 그것들이 충분한 수로 공륜에 있지 않다는 것이 명확해진 것 같다.** Chris Tinney - Anglo-Australian 천문대의 천문학자 - 는 Deep Near Infrared Surrey(DENIS)에 의하여 생산된 데이터 중에 갈색왜성에 대하여 직접적으로 탐색하였고, 다른 천문학자들은 Two Micron All Sky Surrey(2MASS)를 이용하여 탐색하였었다. Tinney는 DENIS와 2MASS가 많은 갈색 왜성을 발견할 것이라고 낙관하고 있지만, 그는 그 수가 암흑물질의 의미 있는 비율로 합쳐지기에는 충분하지 않다는 것을 지적하고 있다.

10.8 원시의 블랙홀들

만일 MACHO 프로젝트가 공륜에서 약 0.5 태양질량을 가진 암흑 MACHO들을 실제로 찾고 있다면, 또 다른 매력적인 것이 있다. 즉 원시 블랙홀들이다. 그것들은 명백한 해결책이 된다는 단순한 하나의 이유 때문에 매력적인 선택으로 여겨진다. MACHO 사건들에 대한 암흑물질 설명에 유일하게 보이는 대체물들은 백색 왜성들이다. 그러나 공륜 내에 없다는 문제를 내포하고 있다. 반면에 원시 블랙홀들은 적절한 질량을 가질 수 있고, 자기 충족적이며, 명확하다.

그런데 이것들이 만들어지는 방법에 문제가 있다. 0.5 태양 질량의 범위에 있는 원시 블랙홀들을 만들기 위한 시간은 빅뱅 후 마이크로초이다. 천문학자들은 현재 그렇게 되는 것이 가능한지 어떤 지 의견이 양분되어 있다. 목표는 한 물체를 블랙홀로 붕괴되도록 강요하는 것이다. 그리고 그 물체의 크기는 그 당시 사건 지평선에 달려있다. 즉 우주의 역사에서 이 단계의 빛의 여행거리는 매우 작았다. 그래서 오직 매우 작은 물체들만 창조될 수 있었다. 시간이 흘러감에 따라.

더 큰 물체들, 즉 태양 질량의 블랙홀들이 창조될 수 있었다. 이것은 또한 우주가 소위 '상전이(phase transition)' 를 겪는 시간대이기도 하다. 이 시간 동안, 액체 물속으로 응축되고 있는 증기와 유사하게 아마도 수많은 요동들이 있었다. 그 시기에 우주는 주로 쿼크로 구성되는 것으로부터 하드론으로 구성되는 것으로 변화하였다.(우리는 다음의 두 단원에서 좀 더 상세하게 이것에 대해 논의 할 것이다) **쿼크-하드론 상전이는 0.5 태양질량의 블랙홀들이 창조될 시기쯤에 일어난 것이다.** 그것은 우주에서 너무 쉽게 발생하여서 우주 그 자체는 아직 바리온 물질을 포함하지 않았다. 확실히 그것은 BBNS 전에 일어났었다. 그래서 물질은 원자핵과 반응할 기회를 가지기 오랜 전에 이 원시 블랙홀 안에 갇혀 있었다.

10.9 은하들 사이

최근에 별에 있는 바리온 물질의 완전히 의심이 가지 않는 소스가 은하들 사이의 광활한 공간들에서 발견 되었다. 은하들 사이의 공간은 암흑물질과 뜨거운 가스가 없는 다소간 텅 비어있는 것으로 언제나 여겨졌었다. 판명되었듯이, 거기에는 실제로 별의 물질이 있다. 그러나 그것은 암흑이 아니고 다만 극히 희미할 뿐이다. Freeman과 유럽과 미국에서 온 한 팀의 공동 협력자들은 1996년에 전에는 무시되었던 이 바리온 물질의 소스를 발견하였다. 여러분들이 Virgo나 Coma 은하단 같은 은하단을 볼 때, 은하들과 가스를 볼 것이다. 그러나 그 은하단 사이에는 많은 별들이 있다. Coma 은하단에서 은하단간의 개개의 이 별들은 은하단에서 너무 떨어져 있어 보이지 않는다. 그럼에도 불구하고, 그것들은 빛의 매우 퍼진 분포로서 그 자신을 드러낸다. 훨씬 더 가까운 Virgo 은하단에서는 개개의 거대한 별들이 허블 우주 망원경으로 식별될 수 있다.

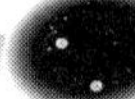

10.10 은하단내에 있는 별들을 찾는 방법

지상에서 우리는 은하단내의 별 무리에 속하는 행성상 성운들을 볼 수 있다. 단원5에서 언급 하였던 것 같이, 행성상 성운들은 스펙트럼의 푸른색과 녹색부분 주위의 어떤 색 보다도 그 색들에 있는 특별한 파장에서 더 밝다. 그러므로 그것들은 가까이에 있는 물질의 효율적인 표시물들이 된다. 행성상 성운들을 발견하기 위해서, 한 은하단의 미리 선택된 지역의 상이 먼저 얻어져야 한다. 그러나 이것은 평상시 상들이 아니다. 왜냐하면 **망원경에 간섭필터가 장착되어 있어 행성상 성운에서 방출되는 빛을 세외하고는 모든 빛을 배제하기 때문이다 (특히 그것은 산소선 [*O*III]이다. 아마츄어 천문학자들은 행성상 성운의 보이는 모습을 더 강화하기 위하여 유사하지만 훨씬 더 단순한 [*O*III]필터를 사용하고 있다). 그 다음, 두 번째 상이 얻어진다. 이번에는 [*O*III] 선을 제외한 모든 파장이 통과하도록 허용하는 필터를 사용한다. 이 두 상들을 비교해 볼 때, 많은 물체가 [*O*III]가 배제된 상에서 보이지 않던 것이 [*O*III] 필터를 통과한 상에서는 나타난다.** 기대되었던 것과 같이 평범한 별들은 양쪽 상에서 다 보인다. **그러나 행성상 성운은** - [*O*III]가 아닌 다른 파장에서는 매우 희미한 - **단지 [*O*III]상에서만 나타난다.** 4m 망원경을 사용하여 Virgo 은하단과 같은 은하단에 있는 충분한 수의 행성상 성운들을 드러내주는 상을 만들기 위해 약 5시간이 소요되었다.

천문학자들은 꽤 한동안 은하들 안에 있는 행성상 성운들을 찾았었다. 그 이유는 그것들이 주요한 거리 측정의 도구 중에 하나이기 때문이다. 가장 밝은 행성상 성운의 밝기는 은하들과 관계없이 꽤 일정하다. 그래서 그것은 표준촛불으로서 사용되어질 수 있다. '표준 촛불(standard candle)' 이라는 단어는 한 촛불을 아주 아주 멀리 두었을 때 밝기와 비교해서 팔을 뻗으면 닿는 거리에 둔 촛불의 밝기와 유사성으로부터 유래되었다. 밝기는 거리의 제곱에 비례해서 감소할 것이기 때문에, 가까이 있을 때 알려진 그것의 밝기와 어떤 거리로 멀리 떨어진 광원의 밝기와의 비교는 그 광원의 거리를 알게 해준다. 유사하게, 그것을 가까이 있을 때 보이는 밝기와 비교 함으로써, 행성상 성운과 그것이 놓여 있는 은하까지의 거리가 측정되어질 수 있다.

그러나 Freeman과 **그의 동료들은 초창기 또 다른 이유로 해서 행성상 성운에 흥미를 가졌었다. 즉 은하들의 동역학을 연구하는 데에 말이다. 그것들을 발견하기가 어려움에도 불구하고, 행성상 성운이 우리 사야에 들어오기만 하면, 현저한** [*O* III]**선의 위치로부터 정확하게 그것의 적색편이를 측정할 수 있다.** 은하주위에 있는 백 개 정도의 행성상 성운의 측정은 은하의 중력장을 측정 - 앞에서 언급한 별들의 무작위 운동을 측정하는 것과 유사한 과정 - 할 수 있게 허용 하였다. 그러므로 그것들은 타원 은하들에서 암흑물질의 분포를 측정하는 데에 이상적인 물체들이다.

행성상 성운의 또 다른 응용은 Freeman**과 그의 동료들이** Virgo**은하단의 사이에 있는 공간에서 어떤 것을 발견하였을 때 우연히 발생하였다.** 이 고립된 물체들의 스펙트럼들을 살펴본 후, 그들은 그 행성상 성운이 Virgo은하단의 일부분이지 이상한 전방 물질들이 아니라는 것이다. 그 이후로 많은 천문학자들이 유사한 탐색에 착수하였고, **은하들 사이에 있는 거대한 빈 공간**(Void)**에 매우 많은 수의 행성상 성운들이 있다는 것이 판명되었다.** Coma 은하단의 경우에는, 은하들 그 자체에 별빛이 있는 만큼이나 은하단의 은하들 사이에도 많은 별빛이 있다. 바리온 물질의 전체 저장소가 방관되었던 것 같다! 그런데 그것은 거기에 어떻게 있게 되었는가? **왜 언제 우주에 있는 별들의 적어도 반이 은하들 안에 함께 뭉쳐있고, 이 고립자들은 은하들 사이의 방대한 공간을 배회하고 있는가?** 그 답은 **약탈**(harassment)이라 불리는 과정에 의해서 그것들의 주 은하들로부터 찢어져 나온 것으로 여겨진다. 암흑물질에 대한 이야기에서 앞부분에, 은하단들은 암흑물질의 존재에 대해 매우 역동적인 장소인 것을 우리는 보았다. 그래서, 은하들이 영겁의 우주의 시간동안 서로 간에 빠르게 지나치면서 질주할 때, 그것의 중력장들이 별들을 흔들어 느슨하게 붙잡아두게 되었다. 그리고 나서 은하단의 조석력이 은하 바깥층에 있는 별들을 밖으로 당겨서 그것들을 우주공간으로 날려 보내버렸다. 이것은 결코 확실하지 않다. 그러나 최근 상당한 분량의 계산된 모델들은 그것은 가장 그럴듯한 설명이라는 것을 가리키고 있다. 반면에, 은하들이 형성되기 전에 별 형성의 큰 폭발시대가 있었을 가능성이 있다. 많은 문제들이 은하들 사이에 있는 별들에 대해서 답 없이 남아있다. 예로서 그것들이 어떻게 우주공간에 분포하고 있는가? 만일 그것들이 정말로 은하로부터 찢어진 것이라면, 그것들은 은하단을 가로질러 원호를 형성하는 리

본(ribbon)들을 형성할 것으로 기대되고, 별들이 전혀 없는 장소들이 있을 것이다. 그런데 만일 어떤 알려지지 않은 별 형성의 큰 폭발시기에 만들어진 것이라면, 그것들의 분포는 훨씬 더 고를 것이다. 이 은하단 내의 별들이 은하들 사이로 움직여 나가는 방식이 중요하게 된다. 이 질문에 답을 하기 위해서 상당한 양의 관측시간이 요구될 것이다.

Freeman과 그의 동료들은 매 기회 때 마다 4m와 8m급 망원경으로 그런 관측들을 수행하고 있다. 측정들의 속도를 올리기 위하여, 그들은 **행성상 성운 분광사진기**라 불리는 전용 기구를 건설하였고, 그것을 Canary 섬에 있는 La Palma에 4m William Herschel 망원경에 장착하였다. **상과 분광을 동시에 함으로써, 분광사진기는 암흑물질의 동역학의 연구를 위하여 타원 은하들 주위에 있는 행성상 성운들의 속도를 찾고 측정하는 데에 주로 사용되었다.**

그러나 은하단 내의 매질 안에 있는 행성상 성운들의 더 광범위한 연구들은 4m보다 더 큰 망원경들을 요구한다. 그것들의 탁월한 수행능력에도 불구하고, 4m 망원경들의 빛을 모으는 능력은 Virgo, Ursa Major, Fornax 등등과 같은 은하단을 포함하는 약 20 Mpc거리에 있는 행성상 성운들에 대해서는 한계가 있다. 그리고 이 거리 안에는 단지 소수의 은하단들이 있고, 그것들 중 어느 것도 풍부하지가 않다. 예로서, 천문학자들은 Coma 은하단에 다다를 수 있기를 원했었다. 그리고 이것이 하와이의 Mauna Kea에 있는 일본 Sabaru망원경 같은 8m 망원경의 빛을 모으는 능력을 사용함으로서 이제는 가능해졌다. Coma은하단은 밀도가 높다. 그리고 벗겨진 별들에 대한 아이디어들이 올바르다면, 약탈(harassment) 과정은 매우 효과적이기 때문에 이 은하단들에서 매우 많은 비율의 벗겨진 별들을 기대 하였다. 그리고 그것이 우리가 발견한 것이다; 즉 Coma**는하단에서 별빛의 약 반은 은하단내의 공간, 즉 은하들 사이에 있었다.**

10.11 은하단내의 가스

별들 뿐만 아니라 많은 가스도 은하들 사이에 존재한다. 이 가스를 통과하는 은하들의 운동이 그것의 온도를 크게 올려서 그것이 X-선을 방출하게 되며 이 X-선은 위성을 이용하여 연구되어질 수 있다. 그러나 이 X-선 방출에는 안 풀리는 수수께끼가 있다. **화학 원소 선들이 X-선 스펙트럼에서 나타난다.** 철로 인한 이 선들의 연구로부터 천문학자들은 이 뜨거운 가스 안에 얼마나 많은 철이 존재하는지 측정할 수 있었다. **수소 대비 철의 비율이 예상되는 것보다 훨씬 높았다; 즉 은하단내의 가스는 화학적으로 농축된 물질에 의하여 어느 정도 오염되어 있었다. 왜 이것이 그리 한지 정말로 이해하지 못하였었다.** 한 가지 가능한 이유는 은하들에서 폭발한 초신성에서 생산된 화학적으로 농축된 가스의 일부가 은하들로부터 탈출하여 은하단 가스로 흘러 들어왔다는 것이다. 이 물질은 은하에서 주위를 둘러싸고 있는 가스와 중력장으로부터 벗어나야 한다. 이것은 쉬운 것이 아니다. 그러나 별이 자유공간 속으로 표류하게 되면 그것을 붙잡아 되돌릴 수 있는 것은 아무것도 없다. 그러므로 이런 별들이 은하단 내의 매질에 많은 화학적으로 농축된 가스를 아마도 제공해 주는 것 같다. 아마도 주위를 둘러싸고 있는 은하들에 있는 별들보다 훨씬 더 많이 말이다.

10.12 Milgrom의 중력에 대한 대체이론

암흑물질에 대한 탐색에서 좀 이상한 다른 견해에 대해서 논의 해보자. 만일 그것 모두가 환상이라면 어찌되는가? 만일 암흑물질이 정말로 존재하지 않는다면 어찌되는가? 우리가 반복해서 보아왔듯이, 암흑물질의 주된 증거 중에 하나는 은하들의 회전 곡선이다; 즉 별들이 너무 빠르게 움직이고 있어 보이는 물질 하나로는 그것들을 붙잡아 둘 수가 없다. 우리가 회전곡선들을 사용하여 질량을 측정할 때, 은하 주위를 원으로 돌고 있는 가스의 가속도를 측정하고 있는 것이다. 은하들은 매우 크다. 그래서 이 가속도는 매우 작다. 뉴턴이 그의 법칙들을 설립하였을 때, 뉴턴이 고려하였던 가속도보다 훨씬 더 작다. 그래서 뉴턴의 법칙이 은하 규모에서는 적용되지 않을 가능성은 언제나 있다. 만일 대부분의 천문학자들이 이 가능성을 무시하였다고 여러분들이 생각한다면, 그러면 당신이 옳게 본 것이다. 뉴턴-아인슈타인 중력법칙은 수백 년 동안 극히 잘 작동하였었다. 그리고 결국에는 행성과 왜성에서부터 중력렌즈까지 모든 것을 발견하도록 해주었다. 이것들은 잘 양육된 법칙들이었다. 그것들이 잘못이 있을 수 있다고 제시하는 것은 (그 주장자들에 대해) 잠재적으로 위험한 일이였다. 그럼에도 불구하고 그것은 우리가 언급하고 있는 암흑물질의 미스터리에 대안이 될 수도 있을 것이다. 그래서 이 점에서 이 평평해지며 오히려 증가하는 회전곡선의 설명을 위해 암흑 물질이 존재한다고 믿는 것보다, 뉴턴이 큰 규모애서는 틀렸을지도 모르는 가능성에 대헤 살펴보는 것은 가치가 있다.

그런 괴격한 주장을 한 과학자는 이스라엘 Rehovot에 있는 Weizmann 과학연구소의 Morehai Milgrom이었다. 응집물집 물리학 부서에서 일하고 있는 Milgrom은 낮은 가속도에서 뉴턴의 중력법칙이 붕괴되는 가능성에 대해서 많은 양의 작업을 수행하였다. 여러분들은 고등학교 물리학에서 물체가 더 무거우면 무거울수록 그것은 더 큰 중력을 가지고 있다는 것을 기억할지도 모르겠다. 사실상 이 두 개는 직접적으로 비례한다. 즉 중력은 질량에 비례하고 질량으로부터 떨어진 거리의 제곱에 반비례한다. 중력은 가속도이다: Milgrom**은 가속도가 매우 낮을 때, 중력은 중심의 질량의 제곱근에 비례하고 거리의 제곱에 반비례하는 것이 아니라 거리에 반비례한다고 제의하였다. 아무도 이 단순한 가정이 올바른지 어떤지 아무도 모르지만, 그것은 암흑물질에 대한 어떤 필요도 없이 은하들의 외곽 부분에서 평평한 회전 곡선을 자동적으로 만들어 낸다. 그는 그의 대체이론 – 변형된 비상대성역학**(Modified Nonrelativistic Dynamics(MOND)**으로 알려짐 – 을 은하, 은하단 그리고 초은하단 규모에 적용해 보았다. 그러자 그것은 잘 작동하는 것 같다.** 여태까지 어느 누구도 그것을 부정하는 어떤 방법도 찾지 못하였다. Milgrom에 의하면 우주를 이런 방식으로 볼 때 암흑물질이 전혀 필요가 없다. 그것은 단순히 존재하지 않는다.

다른 많은 과학자들이 암흑물질의 필요성을 없애기 위하여 중력대체 이론들을 제시해 왔었었다; 현재로서는 Miglom의 것이 가장 광범위하게 논의되고 있다. 많은 천문학자들은 그것을 심각하게 고려할 준비가 되어있다. 그러나 다른 이들은 그의 단순한 가정이 실질적으로 매우 잘 들어맞는 것에 크게 인상을 받았던 것 같다. 그러나 **만일 뉴턴과 아인슈타인이 중력에 대하여 올바르다면, 만일 BBNS와 바리온 물질에 대한 모든 관측이 올바르다면, 그리고 만일 우주에서 중력물질의 비율만 여전히 찾는다면, 우리에게는 하나의 선택만 남는다: 즉 그것이 바리온이 아니라면 그것은 다른 어떤 것임에 틀림없다.**

CHAPTER

11 기묘한 것 탐색 : 뉴트리노

비-바리온 물질의 우주에 온 것을 환영합니다. 이것은 이 책의 책장, 당신이 숨 쉬는 공기 그리고 심지어 여러분을 구성하고 있는 평범한 물질보다 훨씬 더 이상한 입자들로 만들어진 우주이다. 이것은 매우 이상한 비-바리온 세계로 그것은 아직 탐지되지 않았던 - 여태까지 가설적인 - 입자들로 구성되어 있을지도 모른다. 다른 것은 존재하는 것으로 알려져 있다. 그러나 의문은 남아있다: 즉 우주의 암흑부분을 구성할 정도로 그것들은 충분히 있는가? 보이는 우주의 행동양상을 설명하기 위해서 그것이 충분히 있는가?

11.1 왜 비-바리온 암흑물질이 의심되는가?

암흑물질 탐색자들에게 주요한 문제는 여태까지의 어떤 것보다도 비-바리온 물질의 입자들은 탐지하기가 훨씬 더 어렵다는 것이다. 그것들은 별들과 은하들에 중력으로 영향을 미치는 것은 같은 반면에, 그것들은 일반적으로 기존의 입자 탐지기를 구성하고 있는 물질들과 아주 약하게 상호작용을 한다. 예로서, 한 인기 있는 암흑물질 후보인 뉴트리노는 이 책, 당신, 지구 그리고 더욱 더 많은 것을 되튐이 없이 혹은 하나의 모래알, 분자 혹은 당신이 상상할 수 있는 어떤 다른 입자와 상호작용 없이 그대로 통과하여 지나칠 수 있다. 이 비사회적인 행동양상에도 불구하고, 뉴트리노들은 질량을 가지고 있을지도 모른다; 그리고 만일 그것들이 질량을 가지고 있다면, 그것은 질량을 가지고 있는 어떤 것이던 중력의 힘을 통하여 그 행동에 영향을 줄 수 있다. 그리고 그것들 - 혹은 우리가 우연히 만나게 될 어떤 다른 입자들 - 이 충분히 있다면, 그것들은 우주의 설명되지 않는 행동양상에 책임이 있을지도 모른다.

그래서 **현재 극복해야만 하는 비-바리온 입자들은 두 가지 문제가 있다: 그것들을 탐지하는 방법과 그것들의 질량을 측정하는 방법이다.** 그러나 우리가 그런 중요한 질문에 접근하기 전에, 왜 그런 실체가 없는 물질 - 암흑물질 문제에 어떤 다른 해결책에 반대되는 비 바리온물질 - 을 최우선적으로 의심하는 지에 대해 정확히 질문하는 것이 논리적이다. 우선 첫째로, **바리온 물질의 풍부성을 예견하는 이론들, 관찰들과 병행된 대폭발 핵합성(Big Bang Nucleosynthesis (BBNS)) 이론 그리고 은하단들의 형성이론들이 또한 비-바리온 물질의 존재를 예견하고 있다.** 단원 8에서 BBNS가 어떻게 바리온 물질의 양을 예견하는지 보았다. 그리고 이 예견은 다양한 현상들의 관측과 함께 합리적으로 잘 묶여 있다. 바리온 물질 풍부함의 실제 측정과 그것이 어떤 범위 내에 있을 것을 제시해 주는 계산 사이에 일치성이 있다. 우리는 또한 은하단을 함께 묶어주는데 필요한 물질의

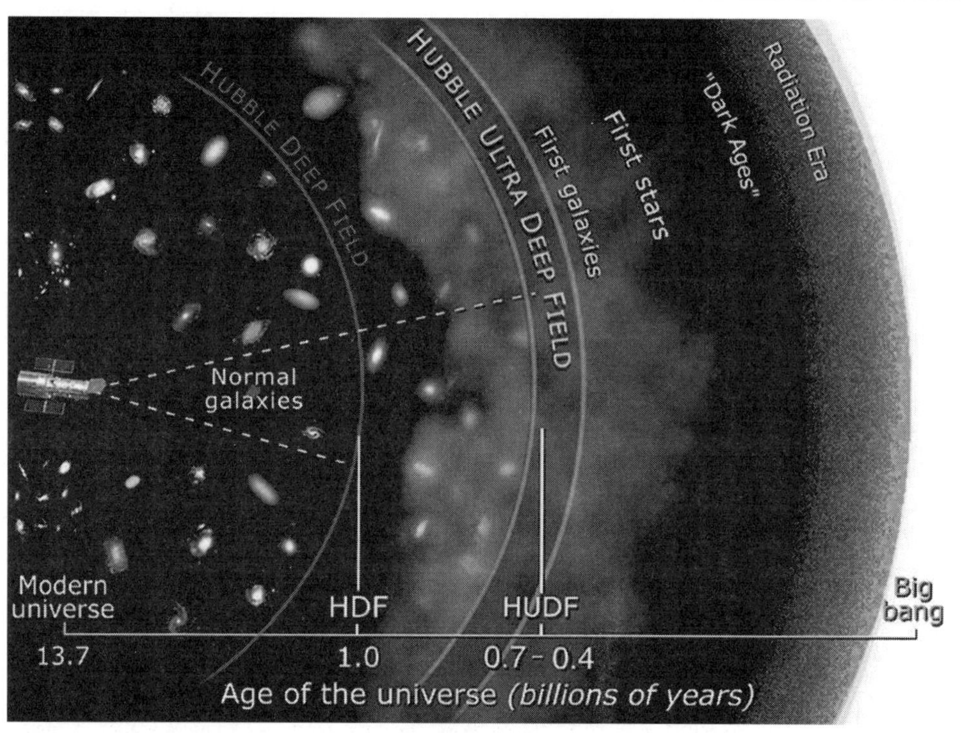

▎그림 11.1 우주의 역사는 다른 거리로 떨어져 있는 물체들의 관측과 우주가 시간의 흐름에 따라 어떻게 진화 하였는가에 대한 이론과 결합시킴으로써 천천히 발전하였다. 우주진화에 아주 중요한 것은 우주 초기의 구성성분이다.

양은 예견되거나 혹은 관측된 바리온 물질의 양보다 훨씬 더 높았다는 것을 알고 있었다. 은하단들의 동역학을 설명하는데 필요한 물질의 양은 예견되거나 혹은 관측되는 바리온 물질의 양의 약 10배 정도이다. 그래서 만일 암흑 물질이 바리온 물질로 구성 되어져 있지 않다면, 다른 선택은 그것이(놀랍지 않게도) 비-바리온 물질로 구성되어 있다는 것이다.

모든 비-바리온 물질은 빅뱅으로부터 남게 되었을 것이다. 단원 8에서 논의한 것과 같이, 빅뱅 후 즉시 우주는 팽창하기 시작하였고 냉각되었다. **초기에 우주는 에너지와 물질의 죽으로 구성되었다. 그리고 물질 입자들과 에너지는 다양한 방법으로 서로 간에 상호작용을 하였다.** 예로서, 광자들은 양성자와 중성자 그리고 그것들의 반입자들을 생기게 하였으며, 이 입자와 반입자 쌍들은 광자를 생산하면서 서로 쌍소멸 되었다. 그러나 오래되지 않아 이 쌍소멸 단계는 끝나고 바리온 물질은 양성자와 중성자들의 상호 작용으로 생산되었다. 그러나 우주는 여전히 혼탁하였다; 즉 광자들은 물질에 의하여 흠뻑 적셔지지 않고는 멀리 여행 할 수가 없었다, 그런데 실제로 바로 이 관계가 오늘날 우리가 보고 있는 바리온 물질의 풍부성을 창조하였던 반응들과 연관이 있다.

중대한 전환점은 빅뱅 후 380,000년 이었다. 우주는 마침내 2967K의 온도 이하로 냉각 되었고, 입자들은 분리(decouple)되기 시작했다. 물질의 입자들은 더 이상 다가오는 모든 광자들을 적셔 줄 수가 없게 되어 그 대신에 광자들을 제갈 길로 가게끔 허용하였다. 이 광자들의 흐름이 오늘날에도 여전히 주위에 있으며 (단원13에서 상세하게 논의될) 우주 초단파 배경 복사로 알려진 작열하는 초난파로서 전 하늘에 걸쳐서 볼 수 있다. 그것은 광학적으로 혼탁한 우주에서 투명한 우주로의 전환이었다. **뉴트리노의 분리(decoupling)도 유사하다. 광자들과 뉴트리노들이 분리되는 동안에 전자들과 뮤온들 같은 다른 입자들은 입자-반입자 쌍소멸에 의하여 플라즈마로부터 사라졌었다. 중요한 점은 이 단계에서 서로 다른 종류의 입자들이 그것들 각자의 실체성을 가지게 되었고, 결국에는 오늘날 우리가 보는 우주와 우리가 보지 못하는 우주 둘 다를 합체 시켰다.**

빅뱅에서 창조된 모든 입자들이 다 바리온은 아니다. 많은 종류의 비-바리온 입자들도 또한 동시에 형성 되었다. 그런 입자들은 아직 발견되지 않았음 - 적어도 여태까지 그것들의 역할을 확실하게 하는 충분한 상세를 측정하였거나 연구

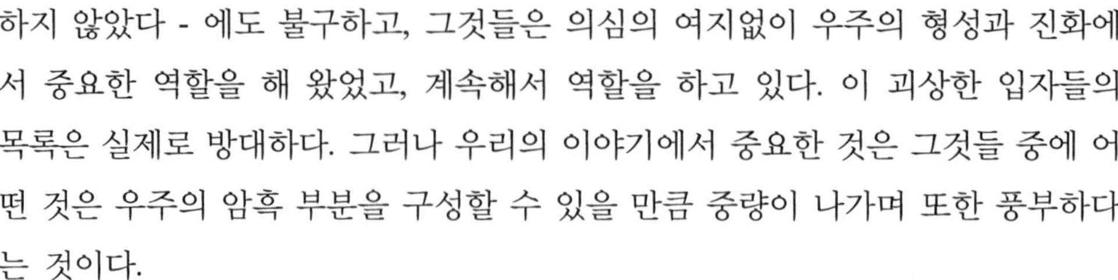

하지 않았다 - 에도 불구하고, 그것들은 의심의 여지없이 우주의 형성과 진화에서 중요한 역할을 해 왔었고, 계속해서 역할을 하고 있다. 이 괴상한 입자들의 목록은 실제로 방대하다. 그러나 우리의 이야기에서 중요한 것은 그것들 중에 어떤 것은 우주의 암흑 부분을 구성할 수 있을 만큼 중량이 나가며 또한 풍부하다는 것이다.

11.2 비-바리온 암흑물질의 종류

우주학적 견해로부터 우주에 있는 모든 암흑물질은 **뜨거운 것과(hot) 찬 것(cold)으로 분류될 수 있다.** 뜨거운 암흑물질(HDM) 입자들은 상대론적인 속도로 여행 한다: 즉, 그것들은 빛의 속도에 가깝게 운동을 한다 (그것들이 오늘날 반드시 상대적일 필요는 없다). 차가운 암흑물질(CDM)이라 불리는 모든 것은 빛보다 훨씬 천천히 여행하는 입자들로 구성되며 그리고 여태까지 우리가 논의한 모든 바리온 물질을 포함한다. 단원 13에서 우주의 구조에서 HDM과 CDM의 함축된 의미를 탐색할 것이다. 그러나 지금은 비-바리온 암흑물질로 가장 촉망받는 후보를 살펴보도록 하자.

비-바리온 암흑물질을 위해 많은 종류의 후보들이 있다. 그러나 과다한 가능성들 중에서 3개의 주된 종류가 나타났다. 우리는 그것들 중에 하나를 벌써 만났다: 즉 **뉴트리노(Neutrino)들이다.** 이것은 별 내부와 초신성 폭발에서 생산되는 것으로 알려진 입자이다. 또 다른 종류는 **윔프**(WIMP(Weakly Interacting Massive Particles))이다. 이것은 순수하게 가설적인 한 무리의 입자들을 포함한다. 예로서 (평범한 뉴트리노와 다른) 무거운 뉴트리노, (힉시노스(higgsinos), 포티노스(photinos), 지노스(zinos)를 포함하는) 뉴트랄리노스(neutralinos) 그리고 그레비톤이다. 이 모든 것은 이론으로 존재하고 여태까지 발견되지 않았다. 마지막으로 만일 존재한다면, 아핵(subnuclear) 입자들 사이에 일어나는 소위 강한 상호작용 동안에 어떤 다른 과정을 통해서 형성되었을 **엑시온**(Axion)이 있다. **이 3 종류의 비-바리온 물질 - 뉴트리노, WIMP 그리고 엑시온 - 은 암흑 물질의 대체물들이다.** 우리는 이제 그것들 각자에 대하여 상세히 접근해 살펴볼 것이다.

11.3 뉴트리노들

첫째, 뉴트리노들은 뜨거운 암흑물질(HDM)의 형태이다. 3종류의 뉴트리노가 있는 것으로 알려져 있다: 즉 전자 뉴트리노, 뮤온뉴트리노, 타우 뉴트리노이다. 각각은 한 타입에서 다른 타입으로 변화할 수 있다. 상상할 수 있듯이, 암흑물질에 대한 그것의 후보자격은 그것들의 질량들을 정확히 측정하는 물리학자들에 달려 있다. 그러나 존재가 확고하게 된 사실에도 불구하고, 그것들의 질량은 아직 잘 모른다. 만일 그것들의 질량이 의미가 있을 만하지 않다면, 그것들은 우주의 전체 질량에 큰 차이를 만들시 않을 것이다.

뉴트리노 질량의 발견에 올라타고서, 물리학자들이 그것들을 연구하려고 상당한 노력을 기울였다는 것은 놀라운 것이 아니다. 그러나 앞에서 언급하였듯이, 뉴트리노들은 반사회적인 동물이다. 그래서 다른 형태들의 물질과 거의 상호작용을 하지 않는다. 그래서 그렇게 포착하기 어려운 것을 연구한다는 것이 어떻게 가능할까? 그 방법은 오히려 간단하다. 원칙적으로 그것은 많은 고기를 잡기위하여 큰 그물을 사용하는 아이디어에 기반을 두고 있다. 뉴트리노들은 다른 입자들과 상호작용을 잘하지 않기 때문에, 물리학자들은 단순히 그것들이 반응할 수 있는 많은 입자들을 제공하는 것으로 실험하였다.

그런 한 실험 - Super Kamioka Nucleon Decay Experiment 혹은 SuperKamiokande - 은 일종의 '뉴트리노 그물망'으로서 순수한 물 32000톤을 수용할 수 있는 뎅크를 사용하였다. 그 아이디어는 다음과 같나. 뉴트리노들이 물을 통과하여 날아갈 때, 물의 전단부피(shear volume)는 뉴트리노와 바리온 물질의 원자들 사이의 상호작용을 보게 되는 기묘한 일을 증가시킬 것이다. 원리는 뉴트리노들이 탱크를 통과하여 날아갈 때, 몇몇의 뉴트리노는 다른 입자들과 충돌할 것이며, 이 과정에서 전하를 띤 렙톤들(전자와 뮤온)로 변환 할 것이다. 빛의 속도보다 더 빠르게 여행하기(빛은 물속에서 속도가 떨어진다. 그러나 뉴트리노는 그렇지 않다) 때문에, 렙톤들은 Cerenkov 복사로 알려진 푸르고 기괴한 빛을 나타낸다. 이 복사를 탐지하기 위하여, 그 탱크는 각각 직경 50cm(세계에서 가장 크다)의 빛 탐지기를 11200개를 물이 있는 안쪽 방향으로 향하도록 배치하였다. Cerenkov 복사선의 방향과 강도를 기록하고 연구함으로서, 물리학자들은 뉴트리노 상호작용을 연구할 수가 있다.

간단하게 들릴지도 모르지만, 뉴트리노가 이 발광들을 일으키는 유일한 입자가 아니라는 사실 때문에 실험이 복잡해진다. 우주선들 - 깊은 우주공간으로부터 오는 에너지 넘치는 입자들 - 도 또한 Cerenkov복사를 만들어낸다. 이런 문제를 최소화하기 위하여, 전체 실험은 세계에서 가장 있을 법하지도 않은 천문학적 장소들 중에 하나에서 수행되었다; 즉 일본의 Kamiokacho에 있는 광산 아래 1000m지점이다. 그러나 심지어 실험실을 둘러싸고 있는 1km의 단단한 바위도 충분한 보호가 되지 않는다. 그래서 그 탱크는 우주선뿐만 아니라 실험을 오염시킬 수 있는 둘러싸고 있는 암석으로부터 나오는 복사선까지도 보호하기 위하여 필터 역할을 하는 18000톤의 물을 가득채운 제 2의 탱크에 의하여 포장되어 있다. 유사한 실험실들 - 그 중에 어떤 것은 여전히 가동되고 있다 - 이 이탈리아, 캐나다, 러시아 그리고 미국에서 행하여졌다.

뉴트리노의 정확한 질량은 아직 결정되지 않았지만, SuperKamiokande같은 실험들은 그 질량의 하한선 - 이것은 매우 작다 - 을 결정해 주었다. 이 크기에서 g이나 mg으로 질량을 표현하는 것은 의미가 없다. 아인슈타인이 $E=mc^2$의 공식으로 매우 유명하게 표현한 것 같이, 질량과 에너지는 동등하다. 그래서 측정의 단위로서 전자볼트(eV)를 사용하여 아원자 입자들의 질량을 에너지의 항으로 표현하는 것이 적절하다. 입자들은 수 eV, 수GeV(GeV=10^9eV) 혹은 수 TeV(TeV=10^{12}eV) 등등의 에너지를 가질 수 있다. 예로서 전자 뉴트리노는 7eV이하이다. 뮤온 뉴트리노와 타우 뉴트리노에 대해서는 그 상한선이 각각 0.2MeV와 18MeV이다. 이것들은 전자가 약 500,000eV인 것과 비교해보면 상당히 작은 수이지만, 그것들이 암흑물질의 의미 있는 소스로 인식되어 질 수 있는 초기 우주에서는 상당히 큰 양의 뉴트리노들이 있었다. 만일 뉴트리노들이 미세한 질량을 갖고 있다면, 그것들은 HDM을 형성할 수 있다. 암흑물질 문제를 해결하기 위하여 필요한 3가지 타입의 모든 질량의 합은 1~30eV 범위 안에 있어야 한다. 그러나 만일 그것들의 질량이 이것보다 더 크다면, 그것들은 우주의 질량 밀도에 너무 많이 기여하기 때문에 그것은 벌써 붕괴되었을 것이다. 우주가 아직 이런 일이 일어나지 않았다는 명백한 사실이 뉴트리노들의 질량에 상한선을 두게 된다! WMAP의 가장 최근의 결과는 0.69eV의 상한선을 제시하고 있다.

뉴트리노가 정말로 약간의 질량을 가지고 있는가? SuperKamiokande 실험으로부터 적어도 뉴트리노 중에 2개는 질량을 가지고 있고 반면에 3번째 것은 질량이 없다는 매우 강한 증거가 있다. 과학자들은 뮤온 뉴트리노가 사라져가고 있다는 것(탐지되어질 수 있는 양보다 더 많이 있었어야 한다)에 대한 대단히 강한 증거를 가지고 있다. 이 결핍에 대한 가장 그럴듯한 이론적 설명은 뮤온 뉴트리노가 다른 뉴트리노 족으로 바뀌면서 진동한다는 것이다. 이것은 양자 역학 효과이다. 그리고 그것이 일어날 수 있는 가장 받아들일 수 있는 방법은 뉴트리노 중에 하나가 질량을 가진다면 가능하다. 데이터의 주의 깊은 분석으로 질량의 하한선이 약 0.008cV이어야 함을 설정하였다. 여태까지 수행된 실험들은 단지 질량의 절대치 보다는 질량에 있어서 그 차이만 나타내주고 있다. 이것은 왜 하한선만이 가능한가를 말해주는 것이다. 뉴트리노 질량이 0.008eV보다 더 높을 수도 있다. 만일 그것이 0.1eV라면, 그러면 뉴트리노는 존재하고, 별들이 암흑물질에 기여하는 만큼의 크기의 차수로 암흑물질 목록에 기여한다. 다시 말해서, 뉴트리노들은 빛나는 물질만큼이나 우주의 질량밀도에 중요하다는 것이다. 그러나 큰 규모 구조 형성 - 단원 13에서 더 상세히 논의 할, 은하들과 은하단들 형성 - 에 좀 더 의미 있는 역할을 하기 위해서는 뉴트리노의 질량이 꽤 높아야 한다. 즉 1eV에서 5eV 사이에 있어야 한다.

반면에, 만일 그것이 또 다른 극단 - 말하자면 30eV - 에 있다면, 오늘날과 같이 우주가 구조형성을 이루는데 어려움이 있을 것이다. 우주의 큰 규모의 구조 - 은하들이 우주 공간에서 배치되는 방법 - 는 암흑물질의 양과 타입들에 의해서 영향을 받는다. 만일 뉴트리노가 매우 에너지 넘친다면, 그것들은 오늘날 우리가 보는 우주보다 훨씬 더 스무스하게 만들었을 것이다. 심지어 수년 전만 하더라도, 과학자들은 수 eV의 범위에 있는 질량을 가진 뉴트리노들이 큰 규모 구조를 만들기 위해서 요구된다고 느꼈다. 만일 오늘날 투표가 시행되어진다면, 30eV는 제쳐두더라도 심지어 3eV도 동일한 이유로 해서 아마도 인기가 없을 것이다. 그러나 어떤 것도 확실한 것이 없다. 암흑물질에서 뉴트리노들의 역할은 여전히 흥미를 돋우는 의문이다. 그것들이 질량을 가지고 있다는 것 - 이것은 암흑물질 이야기에서 그것들이 역할을 한다는 좋은 사인이다 - 이 거의 확실시 되는 것 같다.

이런 낙관주의에도 불구하고, 암흑물질의 소스로서 뉴트리노가 가진 두 가지 문제점들이 있다. 한 어려움은 그것들이 거의 확실히 질량을 가지고 있지만, 그것들은 (빛의 속도에 가깝게) 매우 빠르게 움직인다는 것이다. 그러므로 은하들이 많은 수의 뉴트리노들을 쉽게 붙잡아 둘 수가 없다: 즉 우리가 보았듯이, 은하들은 암흑 물질의 공륜에 의하여 둘러싸여 있다는 것이다. 또 다른 이유는 심지어 더 이상하다. 우주는 요구되는 그 수만큼 그것들을 수용할 만큼 충분히 크지가 않다는 것이다! 뉴트리노들은 우주에서 물질 입자인 페르미온(fermion)이라 불리는 입자 군에 속한다. 페르미온은 전자, 양성자 그리고 중성자들과 같이 우리가 알고 있는 좀 더 친밀한 입자들을 포함한다. 페르미온과 대비되는 것으로 힘의 운반자들인 보손(boson)들이 있다. 여기에는 (빛의 입자인) 광자도 포함된다. 페르미온들의 특징들 중에 하나는 그것들을 각자 개인주의적이라는 것이다: 즉 두 개가 동시에 동일한 운동 상태로 있을 수 없다는 것이다. 이 현상은 Pauli 베타원리로 요약되고 백색 왜성과 중성자별의 존재로 나타난다. 극히 희박한 가스의 구들인 평범한 별들과 달리, 백색 왜성과 중성자별들은 오래전 이후로 핵 연료의 공급을 다 소모해 버리고 자체적으로 붕괴하여 작고, 믿을 수 없을 정도의 밀도를 가진 구(별)가 된 것이다. 그러나 그것들을 구성하고 있는 물질 입자들이 어떤 점을 넘어서서는 압축될 수 없기 때문에, 그것들은 완전히 붕괴되지는 않는다. 두 개의 페르미온은 그것들이 '서로 어깨를 부딪치기' 시작하자마자 이 보다 더 작은 공간 속으로 강제로 더 이상 밀어 넣을 수 없다. 동일한 현상이 뉴트리노에 적용된다. 우주공간은 크다. 그러나 그것은 무한이 아니다. 그래서 심지어 우주가 뉴트리노들로 우주 가장자리까지 가득 채워져 있을 때라도, 암흑 물질 문제를 만족시키기 위해서는 그것들이 충분하지 못하다는 것이다. 그것들을 충분히 가지기 위해서는 그것들이 우주를 넘치도록 그렇게 많이 필요하다. 이것은 명백히 불가능하다. 물론 그것들이 좀 더 무거우면 무거울수록 좀 더 적은 양이 요구될 것이다. 그러나 현재 관측들은 그것들이 충분히 질량이 나가지 않을 뿐 아니라 풍부하지도 않다는 것을 가리키고 있다.

CHAPTER

12 기묘한 것들 탐사 : WIMP와 Axion

12.1 WIMPs

만일 뉴트리노들이 답이 아니라면, 약하게 상호작용하는 질량 있는 입자들 (weakly interacting massive particles(WIMPs))는 어떠한가? 이것들은 차가운 암흑 물질(CDM) 형태들이다. 그 이름이 함축하고 있는 것처럼, 이것은 일반 물질과 오직 약하게 상호작용을 한다. **WIMP들에서 고려되는 질량들은 10GeV 보다는 더 크며, 그리고 그것의 엄격한 상한선은 약300TeV 이다.** 그렇지만 많은 과학자들은 상한선을 단지 수 TeV 로 생각하고 있다. 닫힌 우주에서는 뉴트리노들에 대해서 가능한 3가지 질량 영역이 있음을 제시하는 우주학 논의들이 있다. 그것들 중 하나는 앞에서 언급한 평범한 뉴트리노들의 수준의 어느 위치에 있다 - 말하자면 30eV. 그 다음에는 약 3GeV의 뉴트리노들일 수 있는 또 다른 영역이며, 세 번째 영역은 약 1TeV 이다. 만일 질량들이 그 지역들에 있지 않다면, 그 결과는 매우 높은 밀도를 가진 우주가 된다. 즉 '고도로 닫힌 (superclosed)' 우주가 된다. 이보다 좀 더 무거운 입자들은 CDM으로 분류된다. 왜냐하면 그것들은 너무 무겁고 꿈뜨기 때문에 상대론적인 속도를 가지고 빅뱅으로부터 나올 수 없었을 것이다. 그것들은 무거운 뉴트랄리노스(neutralinos) 등등과 같은 이름이 부쳐져 있다.

thalium 같은 밀도가 높은 물질로 만들어진 탐지기를 사용하여 무거운 뉴트리노를 찾으려고 하는 실험들이 착수 되었음에도 불구하고, 이 입자들 중에 어느 것도 이때까지 나타나지 않았다. 뉴트리노들과 마찬가지로 WIMP들은 일상의 물질들과 다만 아주 약하게 상호작용을 한다. 그것들은 미끄러운 크리켓 공 같은 것으로 생각되어질 수 있다. 그것들은 상당한 강편치를 운반한다. 그러나 이것을 붙잡는 것은 어렵다. 만일 그것이 똑바로 접근한다면, 더 좋은 기회가 있다. 이것이 WIMP에서 일어나기를 과학자들이 희망하는 것이다. 만일 WIMP가 원자핵과 충돌 한다면, 그것은 측정할 수 있는 일종의 핵의 반동을 만들어낸다. 그것은 전기적으로 중성이지만, 이 무거운 뉴트리노는 그것이 매우 무겁기 때문에 존재하는 것으로 알려진 뉴트리노들과 구별될 것이다.

12.2 기본 힘들과 초 대칭

가장 인기 있는 WIMP 후보는 뉴트랄리노로서 양성자보다 100배 더 무거운 가상의 입자이다. 그것은 초대칭이라 불리는 추리적인 아이디어에 의하여 예견되었다. 이 초대칭은 우주에 있는 자연의 기본 4가지 힘을 다함께 합치려고 시도하는 입자 물리학 이론의 부산물이다. 그렇게 하는데 있어서, 그것은 자연에 있는 모든 입자들을 또한 통합하여야 했다. 초대칭과 그것이 암흑 물질 문제의 해결책으로 제시하는 뉴트랄리노에 대해 살펴보기 전에, 입자 물리학의 기묘한 세계 속으로 짧은 여행을 하면서 잠깐 엿보도록 하자.

먼저 우주를 다 함께 묶어주는 기본 힘을 살펴보자. 이것들 중에 두 개는 우리 모두에게 친숙하다; 즉 중력과 전사기력이다. 중력은(아인슈타인 이후로 그것은 시공간의 힘이라고 말하는 것이 더 정확하지만) 모든 물질이 다른 모든 물질을 당기는 힘으로 종종 묘사된다. 다른 힘들과 같이, 중력은 물체들 사이의 **중력의 힘을 운반하는 그래비톤**(graviton)이라 불리는 (여태까지 발견되지 않은)입자를 가지고 있다. 전자기는 빛, 전파, 전기, 자기, 그리고 X-선 등을 포함하는 많은 현상들의 통합이다. **전자기력을 운반하는 입자는 광자**이다.

다른 두 개의 힘은 매일의 일상에서 별로 친숙하지 못하다. 그러나 덜 중요하다는 것은 아니다. 하나는 원자핵 내에서 양성자와 중성자들 그리고 또한 양성자와 중성자들을 구성하고 있는 입자들, 즉 쿼크들을 결합해주는 **강한 핵력**이다. 이 힘이 없다면 양전하를 가진 양성자 들은 서로 밀쳐 낼 것이고 모든 원자핵들을 날려버릴 것이다. 이 힘은 4개의 근본 힘 들 중에 가장 세다. 그리고 **강한 핵력을 운반하는 입자는** 적합하게 끈적한 이름을 가지고 있다; 즉 **글루온**(gluon)이다. 근본 힘들 중에 마지막은 β(베타) 방사성 붕괴라는 현상에 책임이 있는 **약한 핵력**이다. **약한 핵력을 운반하는 입자들**은 좀 덜 호소력 있는 이름을 가지고 있다. 즉 W^+, W^- **그리고** Z^0 **이다.**

이 힘들은 크기와 범위에서 서로 굉장히 다르다. 예로서 중력은 가장 약하다. 즉 강한 핵력보다 약 10^{39}배나 약하다. 자석으로 한 개의 핀을 붙들고 있는 사람은 전 지구가 당기는 중력이 단 한 개의 작은 자석의 전자기 결합력을 깨지 못함을 볼 수 있을 것이다. 핀 그 자체가 핀에 있는 원자들을 붙잡아두는 힘을 격퇴시키지 못하는 중력의 약함을 보여주는 증거 이다. 그리고 중력은 가장 긴 도달거리를 가지고 있으므로, 전 우주에 미칠 수가 있어 우주를 함께 붙들어 둘 수가 있다. 이와 대조적으로, 강한 핵력과 약한 핵력은 극히 짧은 범위를 가지고 있어, 원자핵 안에서의 거리 이상으로 더 확장되지 못한다.

12.3 GUTS

물리학자들은 오랫동안 이 4개의 힘들을 통합할 방법을 찾아왔었다. 1968년 커다란 진전이 두 미국 물리학자 Steven Weinberg와 Lee Glashow 그리고 파키스탄 물리학자인 Abdus Salam에 의하여 독립적으로 이루어졌다. 그들은 전자기력과 약한 핵력은 서로 상호연관이 있다는 것을 보여주었으며, 두 힘의 연합이 실현되는 무대를 마련해 주었다. 이 발견으로 Weinberg, Glashow 그리고 Salam은 1979 노벨 물리학상을 공동으로 수상했다. 그 이후로, 강력, 전자기력 그리고 약력사이에 어떤 관계가 있는 것처럼 보여 주었다. 이것이 소위 대통일이론(Grand Unifed Theory(GUT))의 목표이다. 이 이론은 여러 버전들이 있다. 그것들 각각은 3개의 힘들이 동일한 힘의 다른 면이라는 것을 보여 주고 있다. **중요하게도 GUT들은 이 힘들 사이의 대칭성은 빅뱅 시기에만 얻어지는 매우 높은 온도 –** $10^{27}K$ **– 에서만 존재한다. 그러나 여태까지 중력은 아직 여기에 통합되지 못하였다.**

12.4 초대칭

초대칭은 입자 물리학에서 에너지 규모들 사이의 차이와 연관되어 있다. 약한 상호작용의 힘과 모든 입자들(쿼크들, 렙톤들 등등)의 질량들을 지정하는 **전약**(electroweak) **규모**라 불리는 어떤 기본적 에너지 규모가 있다. 이 질량 규모는 **약** 300GeV이다. 다른 기본적 규모는 플랑크 질량이다. 이 질량 안에서 중력은 아주 강하게 되고, **양자 중력의 이론이 요구**된다. 이 규모는 아주 높다: 즉 약 10^{19}GeV가 된다. 좀 더 일반적인 규모는 10^{16}GeV - 플랑크 규모보다 크기로 3차수 작지만 여전히 전약 규모보다는 많은 차수의 크기로 더 높다 - 이다. 궁극적으로, 왜 물리학에서 이 기본적인 규모들이 크기에서 그렇게 많은 차수로 달라야 하는지 설명할 이론이 필요하게 되었다. 예로서, **왜 전약 규모는 플랑크 규모보다 그렇게 훨씬 더 작아야 하는가? 초대칭은 적어도 이 문제의 일부분을 설명하려는 시도이다.**

12.5 뉴트랄리노스(Neutalinos)

초대칭은 자연에서 입자들의 수를 필연적으로 두 배로 늘인다. 모든 입자들은 초짝(superpartner)이라 불리는 짝을 가지고 있다; 즉 쿼크는 스쿼크(squark)를, 전자는 스전자(selectron), 광자는 스광자(photinos) 등등을 가진다. **뉴트랄리노 – 여러 입자들의 초짝 –는 현재 매우 인기 있는 CDM 후보이다. 그러나 그 사실이 그것이 존재한다는 것을 의미하지는 않는다; 다만 인기가 있을 뿐이다!** 그러나 그것들은 적어도 이론상에서 이점들을 가지고 있다. 그 하나는 그것들은 무겁기 때문에, 그것들은 그것들 주위로 감지할 수 있는 중력 영향을 나타낼 수 있다는 것이다. 더구나 이론은 그것들은 양성자들과 중성자들 만큼 거의 동일한 수로 생산되었을 수 있다고 제시하고 있다. 이 모든 요건이 촉망되는 암흑 물질 후보가 될 수 있을 것 같다. (뉴트랄리노는 포티노(photino), 지노(zino) 그리고 중성의 힉시노(Higgsino)의 양자 중첩이다. 지노는 Z 보손의 초짝이며, 중성 힉시노는 힉스(Higgs) 보손의 초짝이다. 뉴트랄니노는 어떤 입자의 초짝이 아니기 때문에 문제가 더 복잡해진다. 저자는 용어에 책임이 없다.)

12.6 WIMP 탐색들

뉴트랄리노스는 WIMP 후보자격에 적합하다. 그러나 그것들을 탐지 할 수 있을까? 암흑물질이 되기 위해서는 WIMP들이 빅뱅에서부터 생산되어져야 했었다. 그러므로 그것들은 뉴트리노들만큼 대략 같은 약한 상호작용의 힘을 가지고 일반 물질과 연동되어야 한다. 그것들을 탐색하는 가장 일반적인 방법은 핵산란(nuclear scattering)을 찾는 것이다. **WIMP들은 양성자와 중성자들 즉 원자의 핵들과 상호작용을 할 것으로 기대된다. 그래서 만일 그 것들이 존재한다면, 그것들은 도처에 있을 것이다. 핵들을 포함하고 있는 민감한 탐지기를 가지고, 이 핵들과 충돌하는 미스터리한 어떤 것을 보게 된다면 그것은 WIMP일지도 모른다.** 여러분들이 아무런 표면상의 이유도 없이 핵이 충돌되어지는 것을 돌연이 보게 될 때, 그 충돌과정이 일어나고 있는 것이다. 그 충돌들이 WIMP로 인한 것이라고 통계적으로 말해줄 수 있는 충분한 이런 충돌들을 건설하는 것이 기술이다.

그러한 실험이 Rutherford Appleton 연구소, Imperial 단과대학 그리고 Sheffield 종합대학에 있는 과학자들에 의해서 현재 수행되고 있다. 영국 북부의 Boulby에 있는 소금광산 깊숙이 그들의 탐지기가 WIMP들을 탐색하고 있다. 지상에서 1km 이상 아래에 천명의 노동자들이 매일 24시간 소금과 포타슘을 캐내기 위해 10km^{2}에 달하는 그물망 같은 도로를 다니고 있다. 모든 활동에도 불구하고, Boulby 광산은 WIMP들을 찾는데 이상적인 장소이다. 그것은 유럽에서 가장 깊다. 그래서 일본의 Kamioka광산과 비교해 볼 때 우주선의 간섭을 더 줄일 수 있다. 그 광산을 소유하고 있는 회사 - 클리블랜드 포타슘회사 - 는 각 각 크기가 작은 집만한 3개의 사용하지 않는 동굴을 이용하게 해주었다. 먼지가 전혀 들어올 수 없도록 처리한 후, 그 동굴들은 실험장비와 통제장비로 갖추어진 후 선을 통하여 지상의 통제실과 연결되어 있고, 이 통제실에서 참가하고 있는 연구실까지 연결되어 있다. 채굴 작업을 하는 동안에도, **광선 탐지기들은 핵이 WIMP에 의하여 충돌할 때 마다 예상되는 짧은 섬광을 포착하는 6kg 요오드화나트륨(sodium iodide) 결정들을 모니터하고 있다. 그러나 이것은 매우 어려운 작업이다. 그 하나는 예상되는 뉴트랄리노 충돌은 매일 kg당 0.01~0.1 정도 예상되지만 반면에 배경간섭은 1000~10000배 더 높다. 더구나, 주위의 암석에 있는 우**

라늄과 토륨에 의하여 생산되는 중성자들은 WIMP 상호작용과 동일한 효과를 생산 할 수 있다.

유사한 실험이 이탈리아의 Apennines 지하에서 수행 중이며 호기심을 자극하는 결과를 내어 놓았다. DAMA(DArk MAtter)**로서 알려진 이탈리아-중국 공동협력 기구**는 **빛의 섬광을 모니터하는 목표물로서 요오드화나트륨 결정체** 9.7kg 9**개를 사용**하고 있다. 이탈리아의 Gran Sasso 국립연구소에 위치해 있는 DAMA는 우주선 같은 배경 잡음으로부터 보호를 최대로 하기 위하여 깊은 지하에 위치해 있다. 암흑물질 입자들이 탐지기를 지나쳐 통과할 때, 그들 중에 어떤 것은 탐지기 안에 있는 핵들과 충돌하여 신호를 생산할 것이다. 이 모든 실험에 그 기원이 잘 이해되지 못하고 있는 일정한 배경잡음이 있다. 그들에게 주의를 끈 것은 겨울보다 여름에 탐지기로부터 좀 더 약간 강한 신호를 관측한 것이었다. 북반구 여름동안에, 지구는 태양계가 은하수 주위를 움직이는 것과 같이 다소간 동일한 방향으로 우주공간을 여행한다. 이것은 만일 당신이 움직이는 보트에 기대어 당신의 손을 배의 선수쪽으로 저으면, 당신이 물로부터 더 큰 저항을 느끼는 것과 같은 방식으로 더 많은 수의 WIMP 들을 만나는 것이 기대되는 시기이다.

DAMA 팀이 발견하였다고 주장하는 것은 허용되는 비대칭이 WIMP 질량 범위 하한선에서만 탐지되었음에도 불구하고 겨울에서보다 여름동안에 WIMP의 상호작용의 수가 약 10% 더 증가하였다는 것이다. 가능한 에러(error)의 소스들 때문에 그 주장이 무효라고 하는 비평이 있었다. 그러나 DAMA 팀은 여기에 굴하지 않고 있다. 더구나 이야기를 복잡하게 만드는 것은 다른 WIMP 탐지기들은 동일한 종류의 WIMP에 민감함에도 불구하고 아무것도 발견하지 못하였다는 것이다. 그럼에도 불구하고 그들이 해야 할 연구가 더 있다고 인정하였지만, 연구자들은 그 결과를 고무시키는 것으로 생각하였다. 그들의 결과들을 증명하는 한 방법은 초기 신호가 기원했다고 주장되는 은하수의 공륜에 독립된 소스로부터 WIMP들의 증가를 찾는 것이다. 그런 한 소스는 궁수자리에(constellation of Sagittarius)에 있는 난장이 은하가 될 수 있다. 어느 시기동안 은하수가 궁수자리 난장이 은하를 분리하여 찢어놓고 있는 중이었다. 그 과정은 그 난장이 은하에서 두 개의 원호 모양의 꼬리를 만들어냈다. 그래서 이 꼬리들이 WIMP들을 포함하고 있을지도 모른다. 지구는 은하수의 공륜에 있는 WIMP들과 다른 시간대에 궁수자리 난장이 은하에 있는 WIMP를 조우할 것이기 때문에, WIMP 탐지의 수는 일년 중 특별한 시기에 변하여야 한다. 더구나 은하수 공륜과 궁수자리 난장이 은하에서 나온 WIMP에 의해서 생산되는 에너지도 또한 다를 것이다. 벌써 초기 결과들에 회의적이었던 비평과 함께, 암흑 물질 탐사의 이야기가 어떻게 전개 될 것인지 보는 것은 흥미롭다.

이 지하의 실험들과 대조적으로, **차가운 암흑 물질 탐색**(Cold Dark Matter Search(CDMS))은 **게르마늄의 커다란 결정체를 사용**하며, 상대적으로 지구표면에 근접하여 수행된다. CDMS 실험은 입자 천체 물리학 센터 - MACHO프로젝트를 지원한 곳과 동일한 곳이다 - 를 포함하여 여러 연구기관이 공동 협력하여 수행되고 있다. WIMP가 결정체 안에 있는 핵과 충돌할 때 마다 핵은 결정체의 온도를 올릴 뿐만 아니라 수백 개의 주위에 있는 원자들을 이온화시키기에 충분한 복사선을 또한 방출한다. 온도와 이온화는 둘 다 탐지 될 수 있으며, 이것은 WIMP의 통과를 가리킨다. 미세한 온도변화를 탐지하기 위하여, 결정체는 Lawrence Berkeley 연구소에서 설계되고 건설된 냉각기(cryostat)를 사용하여 차가운 0.02K 온도로 유지되어 있다. 유사한 실험들과 같이, CDMS는 지하에서 수행되지만 Stamford대학 캠퍼스 아래에 굴을 뚫어 지상에서 단지 10m 깊이의 방에서 행하여진다. 이것은 실험자들이 쉽게 장비에 접근 하도록 해준다. 그래서 새로운 기술이 개발되었을 때, 그것을 신속하고, 용이하게 적용할 수가 있다.

WIMP들은 탐지를 이끌지도 모르는 또 다른 가능성은 그것들이 태양이나 지구의 핵과 같은 육중한 물체에 아마도 끌릴 것이라는 아이디어에 기초를 두고 있다. 충분한 WIMP들을 한 장소에 모을 수 있다면 한 WIMP가 다른 WIMP와 충돌할 때 발생하는 쌍소멸을 보게 될지도 모른다. 그 쌍소멸의 부산물은 에너지 넘치는 뉴트리노들일지 모른다. 그래서 어떤 실험들은 태양으로부터 발산되는 에너지 넘치는 뉴트리노들을 찾고 있다. 그런 뉴트리노들은 통상적인 태양의 뉴트리노들과 확연히 구별 될 것이다. 왜냐하면 그것의 에너지는 훨씬 더 클 것이기 때문이다. **SuperKamiokande 같은 탐지기들**이 현재 그런 태양 뉴트리노들을 모니터 하고 있다.

지구를 통과하여 나오는 뉴트리노들을 연구하려는 시도로 AMANDA – the Antarctic Muon and Neutrino Detector Array – **라 불리는 실험이 남극점에**

설치 중이다. 수백 개의 광센서 탐지기가 얼음표면으로부터 1.5 ~ 2km 까지 뚫고 들어가 있는 물로 차있는 구멍에 놓였었다. 지구를 통과하여 계속 온 고-에너지의 뉴트리노들은 주위의 물질 - 얼음, 바위 등등 - 과 상호작용을 하여 뮤온을 생산해 낸다. 뮤온이 얼음을 통과할 때, 그것은 Cerenkov 복사선을 생산할 것이며, 이것은 탐지되어 도표로 그려질 수 있다. 이 실험의 작업이 표면 아래 1km 에서 이루어지는 이유는 그 얼음이 집에 있는 냉장고의 하얀 얼음이 아니기 때문이다. 그 상부의 엄청난 얼음무게 아래에서, 모든 공기 방울들은 얼음으로부터 빠져 나오게 강요되어 그 얼은 물은 바깥의 공간만큼 순수하고 깨끗하며 어둡다.

WIMP의 쌍소멸이 은하수 공륜에서도 일어날지도 모른다. 우리는 벌써 은하수의 공륜은 암흑 물질로 가득 차 있다는 것을 보았다. 그런데 만일 이 암흑 물질이 WIMP들의 형태로 있다면, 그러면 서로 쌍소멸 되려고 준비하고 있는 WIMP 의 엄청난 집중이 있는 것이다. 이번에는 **이 쌍소멸이 비정상적인 우주선을 생산해 낼 것이고, 그것들이 지구 대기와 상호작용을 할 때** CANGROO Ⅱ **– 남부 오스트렐리아의 오지에 있는 오스트렐리아–일본 합작 시설 – 같은 이상한 것을 찾는 망원경을 사용하여 연구할 수 있다.** 천문학의 대부분의 영역과 다르게, 우주선 연구는 일정한 하늘을 요구하지는 않는다; 그러나 그것은 어두운 하늘이 필요하다. 그래서 남부 오스트렐리아의 오지에서는 하늘이 지구상의 어떤 곳보다도 캄캄하다(캥거루 사냥꾼들의 가끔 환영할만한 것이 못되는 방문과 그들의 서치라이트와 총소리에 의한 교란을 제외하고는). 이 분야에서의 다른 연구들은 Namibia에 있는 High Energy Stereoscopic System(HESS)과 남부 Arizona에 있는 Whipple 천문대가 있다.

이런 천문학과적 추구와 대조적으로, 또한 순수하게 지상의 실험이 있다: 즉 입자 가속 기에서 WIMP의 탐지이다. 입자 물리학 유럽센터 (CERN)에서 지금 건설되고 있는 거대 **중입자 가속기**(Lange Hadron Collider(LHC))가 뉴트리노를 포함하여 초대칭 입자들을 찾기 위하여 사용될 것이다. 어느 날 그것들 중에 하나가 만들어지고 탐지될 가능성이 있다.

12.7 Axion들

비-바리온 암흑물질의 세 번째 후보는 엑시온 - CDM의 또 다른 예 - 이다. 현재 뉴트리노들이 암흑물질 이야기에서 주요한 역할을 하는지 어떤지에 대한 혼란이 있지만, 적어도 그것들이 존재한다는 것은 안다. 그러나 동일한 것이 엑시온에 대해서는 말해질 수 없다. 그것은 우주학과 상당히 동떨어진 입자 물리학에서 이론적 문제를 풀기위해서 발명된 가상적인 입자이다. **만일 엑시온이 존재한다면, 그것들은 10^{-4}~10^{-6}eV의 질량 한계를 가진 매우 가벼운 입자일 것이다. 이것은 뉴트리노보다 여러 자수로 낮은 크기이다. 그래서 만일 그것들이 암흑물질의 소스라면, 어마어마한 양이 있어야 한다. 예로서 만일 은하수의 공륜이 엑시온 들로 가득 차 있다면, 1cm^{3}당 10^{13}개가 있어야 한다.**

강한 핵력에 대한 방정식에서 쿼크들을 양성자와 중성자속으로 묶어주는, 어떤 특별한 항을 포함하는 강한 핵력 이론의 한 구성이 있다. 그것은 θ(theta)항이라 불린다. 그리고 그것은 강한 'C-P위반' - 입자와 반입자의 상호 작용 사이에 있는 구별 짓는 특징 - 을 일으킨다. 이것은 우주학적으로 매우 중요하다. 왜냐하면 그것은 거의 확실하게 우주가 왜 반물질이 아니라 물질로 구성되어 있는지에 대한 설명을 하는데 있어서 어떤 역할을 하기 때문이다. 강한 상호작용 방정식에서 θ항은 그것이 실제로 문제를 일으키는 그런 방식으로 C-P보전을 위반한다. C-P위반의 강도는 임의의 변수 - 이론에 의하여 설명되지 않는 수 - 에 의하여 통제된다. **강한 상호작용은 입자와 반입자를 구별하지 않기 때문에, 매우 강한 상한선이 C-P위반 강도를 설정하는 이 임의의 상수의 값에 놓여져 있다. 이 수는 약 10^{-8}이다. 그래서 강한 C-P문제는 이 수가 - 어떤 수 일수도 있다 - 왜 그렇게 매우 작은지 설명하여야한다. 그것은 입자 물리학에서 미세 조정(fine tuning) 문제들 중에 하나이다.** 우주상수 문제와 어느 정도 엇비슷하지만 그러나 그렇게 심하지는 않다. 이 극히 작은 값을 가지는 것은 단지 우연히 발생한 임의의 상수라고 말해질 수도 있다. 이것은 기술적으로 일치할지 모르지만 그것은 설명으로서 매우 만족스럽지 못하다. 그래서 **왜 강한 C-P 위반이 그렇게 매우 약하거나 혹은 거의 존재하지 않는지에 대한 물리적 이해를 제공하기 위하여 엑시온이 발명되었다.**

엑시온은 보손이다. 이것은 그것이 물질입자가 아니라 **광자와 같이 힘 운반체**이라는 것을 의미한다. **엑시온의 질량은 매우 작다. 약 10^{-5}eV정도라고 본다.** 엑시온과 일반 물질이 연동하는 데에 그 질량과 힘에 여러 실험적 그리고 천문학적 제약이 있다. 먼지가 정착되었을 때, 그것은 약 10^{-5}eV - 아마도 10^{-4}～10^{-6} - 이다.

우주학적으로 엑시온들은 빅뱅의 양자색역학(Quantum Chromodynamic(QCD)) 위상 전환 시기동안 만들어졌다고 본다. 빅뱅의 매우 초기 시대에서는 쿼크들이 자유로웠다; 즉 그것들은 자유롭게 운동을 하였던 것이다. 우주가 팽창함으로써 냉각되었을 때, 임계점에 도달하였다. 즉 QCD 위상전환이 이루지는 시점이다. 그 이후로 쿼크들은 자유롭게 돌아다닐 수 없었다. 이 시기에 그것들은 뭉치기 시작하여 바리온들을 - 양성자, 중성자 등등 - 형성하였다. 그리고 나서 바리온 물질은 자유 쿼크들이 한 때 포함되어 있던 플라즈마에서 응결되었다. 그것이 위상전환이라고 불리는 이유이다. 그것은 물이 얼음으로 고체화되는 것과 같았다. **만일 엑시온 들이 존재한다면, 그것들은 QCD 위상 전환 때에 생산되었을 것이고 오늘날 존재 하여야 한다.**

엑시온들은 광자들과 연동되어질 수 있다. 그래서 그것들을 찾는 한 방법은 자기장에서 엑시온들이 광자들로 전환되는 것을 목격하는 것이다. 2개의 가장 중요하며 현저한 실험들이 Lawrence Livermore**연구소와 일본의** Kyoto **그룹**에 의하여 수행되었다. 1995년에 시작된 미국의 실험은 메사츄세스 공과 대학, 로렌스 리버모어 국립연구소, 페르미 연구소 그리고 로렌스 버클리 국립 연구소의 공동 합작이었다. 이 정교한 실험은 로렌스 리버모어 국립 연구소에 있는 멀리 떨어진 건물 바닥에 있는 구멍에 놓여진 4m 높이에 12톤 무게의 자석으로 구성되어 있다. 가까운 전기 기구들로부터 고립된 140만 달러짜리 고안물이 지구 자기장의 약 150,000배나 강한 자기장을 만들어 내고 있다. 이 자석 내부에는 조정된 공동(tuneable cavity)이 엑시온들의 질량과 동등한 것으로 예상되는 진동수들의 범위를 천천히 스캔한다. 만일 엑시온이 존재한다면, 그것들이 공동으로 들어올 때 그것들은 광자로 전환되어야 한다. 이것이 실험자들이 찾고자하는 정확한 목적이다. 그 결과로 나온 그런 미세한 질량을 가진 광자들은 초단파 진동수 0.2～20GHz를 가질 것이다. 그 결과로 복사선 생산은 약 백만분의 1 정도로 매우 좁게 진동수 퍼짐을 가질 것이다. 초저 잡음 초단파 증폭기들이 공동을 모니터 하고 있어 엑시온이 초단파로 전환되기만 하면, 그 사건은 탐지 될 것이다.

여태까지, 요구되어지는 민감도는 충분하지 못하였다. 그러나 이 부정적인 결과는 엑시온의 질량에 그 한계를 제시하였고 우주학적으로 흥미를 끄는 질량들의 전부가 아니라 일부를 배제하면서, 엑시온이 얼마나 강하게 일반 물질과 연동하는지 제시하였다. 그래서 엑시온의 존재에 대해 아직 긍정적인 증거가 생산되지 못하였지만, 그것들은 여전히 가능성으로 남아 있다.

이것들은 비-바리온 물질에 대한 필요한 짧은 리뷰였었다. 우리는 계속할 수 있지만 그러나 그런 물질이 탐지되기가 어려움에도 불구하고, 그것의 존재는 다소간 확실하다는 것이 명백하다. 과학자들이 모르고 있는 것은 정확히 그것이 무엇인지이다. 그러나 이제는 우주의 진화에서 그런 물질이 가지고 있는 혹은 가졌었던 어떤 역할에 대한 질문으로 돌아갈 필요가 있다.

CHAPTER

13 시작에 즈음하여...

도대체 암흑물질이 우주에서 어떤 역할을 하는가? 그것이 오늘날 은하들과 은하단들의 동역학을 지배하고 있고, 그리고 그것이 무엇이던지 그것은 바리온 물질보다 적어도 6:1 정도로 더 무게가 나간다는 것을 우리는 알았다. 그러나 그것이 우주의 미래의 진화에도 커다란 역할을 계속할 것인지 혹은 그것이 과거에 주요한 역할을 하였는지? 가 의문이다. 그 답은.... no와 yes이다. 물론 우주 초기부터 시작할 것이다: 즉 우주의 기원부터 말이다.

13.1 HDM과 CDM

지난 단원에서, 암흑물질은 두 부류로 나누어 질 수 있다고 말했었다: 즉 HDM과 CDM이다. 그 구별은 각각이 초기 우주에서 은하단들의 형성에 다른 효과를 주기 때문에 만들어졌다. 암흑물질은 은하단들과 동력학을 설명해줄 뿐만 아니라 초기에 큰 규모의 구조 형성에 거의 확실히 깊게 관여하고 있다. 우리는 이 책에서 여러 자례 큰 규모 구조에 대해서 언급하였다. 그러나 그것은 정확히 무엇인가?

은하단의 규모에서 보면, 물질의 분포는 공간의 각각의 지역에서 독특하게 보인다. 예로서 단원 3에서 보았듯이, 은하 국소 군(Local Group)은 2개의 커다란 은하 - 은하수와 안드로메다은하 - 로 구성되었다. 이 두 은하는 더 작은 타원은하들과 불규칙한 은하들의 주인 역할을 한다. 우주의 어느 곳에서도 우리와 같은 또 다른 은하들의 모임을 발견하지 못할 것 같다. **그러나 더 큰 규모들 – 말하자면 수억 광년 보다 더 큰 – 에서는 우주가 균등하면서 거품(foam) 같은 모양의 구조를 취하고 있다. 상대적으로 거의 없는 은하들을 가지고 있는 거대한 공동(void)들은 수억 광년씩 떨어져 있는 끝없는 섬유 실(filament) 모양을 하**

고 있는 은하들에 의하여 둘러싸여 있다. 이 섬유 실들은 단지 우주의 1~2% 정도의 부피를 차지함에도 불구하고, 그것이 우리가 물질의 대부분을 발견하는 곳이다. 그리고 목욕탕의 비누 거품처럼 거리상으로 국소적으로 차이가 있지만, 그것들 모두는 다소간 동일하게 보인다. 질문은 다음과 같다: 이 구조는 맨 처음 어떻게 형성되었는가?

13.2 큰 규모 구조의 창조

이것은 중요한 질문이다. 초기 우주는 매우 스무스 하였다. 그러나 오늘날 우리가 보는 구조들로 발전하게 될 어느 정도의 불균등이 씨앗처럼 자리 잡고 있었다. 그 과정 그 자체는 충분히 간단한 것 같다: 즉 우주공간에서 아주 조금 밀도가 더 높은 지역 - 조금 더 많은 물질의 양은 그에 해당하는 조금 더 높은 중력 당김이 있다 - 을 가지고 시작해보자. 이 좀 더 밀도가 높은 지역은 물질을 좀 더 많이 끌어당길 것이다. 그래서 점점 더 밀도가 높아질 것이고, 지나가는 물질을 더 끌어당길 것이다. 서서히 밀도가 높은 지역들은 구조들로 진화해 간다. 반면에 물질이 좀 덜 있는 지역은 점점 더 물질이 드물어져서 거의 텅 비게 된다. 그러나 오늘날 우리가 보고 있는 엄청난 구조들을 창조하는 것은 어마 어마한 양의 물질을 요구한다. 그러나 일반적인 바리온 물질만으로는 그것 스스로 이것을 달성할 수가 없었다. 그래서 어떤 도와주는 손길이 필요하다.

우주의 초기 진화의 지도적인 이론에 의하면, 오늘날 우리가 보는 구조의 씨들은 인플레이션이라 불리는 빅뱅기간 동안에 출현했다. 1980년에 Alan Guth에 의하여 맨 처음 제의된 인플레이션 이론은 우주의 시작 후 약 10^{-35}초에 발생한 급속한(지수적으로) 우주 팽창의 시기를 제시하였다. 이 짧은 사건동안에 우주는 양성자보다도 더 작은 상태에서 눈 깜박할 시간보다도 더 짧은 시간에 10^{50}만큼 팽창하였다. 이 전체 엄청난 사건은 상전이 기간 동안 방출된 에너지에 의하여 촉진되었다. 상전이는 평범한 경험으로부터 잘 알려져 있다. 여러분들이 증기가 물로 응축되고 혹은 물이 얼음으로 변할 때마다 여러분은 상전이 - 물질이 한 상태에서 다른 상태로 변환 하는 것 - 를 목격하고 있는 것이다. 그러나 상전이는 한 장소에서 다른 장소로 전달되는 에너지가 없이는 일어날 수 없다. 예로서, 만일 당신이 끓는 물 그릇 위에(안전한 거리를 두고) 당신의 손을 두고 증기가 당신의 손바닥에 응축되게 한다면, 물이 한 상태(증기)에서 다른 상태(액체 물)로 전이될 때 당신의 손에서 열에너지의 방출을 느낄 것이다. 물에서 계속되는 에너지의 추출은 - 예로서 냉장고 - 물이 얼음으로 변하게 한다. 이와 유사한 방식으로, 초기 우주가 상전이를 겪게 된다. 이때 그 결과들과 방출된 에너지의 양은 비교해 볼 때 어마어마한 것이었다.

우주의 일생 중에 이 단계에서 구조의 씨들이 심어졌다. 상전이 동안, 입자들이 무작위로 광선으로부터 튀어나오고 다시 사라지곤 하였다(단원 8을 보라). 양자요농으로 알려져 있는, 미세하지만 중요한 불균질성이 우주에 있는 물질의 밀도에 있었다. 우리에게 중요한 것은 그 불균질성(주위보다 좀 더 밀도가 높은 지역)들은 그들 주위의 공간보다 아주 조금 더 중력적 인력이 있게 되어 그래서 좀 더 많이 물질을 끌어당겼다. **이 초기의 물질 덩어리들이 점점 자라서 오늘날 우리가 보는 구조가 되었다.**

그러나 이 모든 덩어리는 즉각적으로 발생할 수 없었다. **초기 우주에서는 99%의 암흑물질과 1%의 양성자와 중성자들(바리온 물질)의 혼합으로 되어 있었다.** 한동안 바리온 물질과 복사선은 다함께 묶여 있었다. 모든 것이 뜨거웠고 복사선은 우주의 질량에 많은 부분을 차지하고 있었다(질량과 에너지는 등가임을 기억하라). 이 장면은 폭풍우로 비유될 수 있다. 폭풍이 맹렬할 동안에 비는 대개 공중에 떠 있어, 바람으로부터 비를 구별해내기가 쉽지 않다. 유사한 방식으로, 빅뱅의 맹렬한 폭풍우 같은 조건 때문에, 복사선과 물질은 다소간 동일하였다. 이 복사선 우위의 시기에, 우주는 너무 빠르게 팽창하였기 때문에 물질이 좀 밀도가 높은 지역으로 충분히 빠르게 떨어지는 것을 허용하지 않았다.

우주가 계속 팽창함에 따라 복사선과 물질의 밀도는 둘 다 떨어졌지만 복사선의 밀도가 더 빠르게 떨어졌다. 빅뱅 후 약 10,000년 후, 복사선의 밀도는 물질의 밀도 정도로 떨어졌고, 계속해서 더 빠르게 떨어졌다. 이 단계에서 CDM은 뭉쳐서 덩어리지기 시작하였지만 그러나 복사압은 바리온을 계속 날려버리기에 충분하였다. 마침내 빅뱅 후 약 380,000년에 그 폭풍은 안정되기 시작하였다. 우주가 충분히 팽창하고 냉각됨으로 해서 물질의 대부분은 중성 - 즉 이온화되지 않은 상태 - 으로 되었고, 복사선과 물질은 각기 떨어져 제갈 길로 갔다. **이 시점에서 물질은 물질/복사선 혼합물에서 떨어져 나오기 시작하였고, 중력이 가장 높은 장소** - 상전이 동안 시작되었던 우주의 밀도에서 아주 작은 불균질성 - **속으로 정착하게 되었다.** 물질의 작은 섬들이 점점 커짐에 따라, 더 많은 물질을 끌어당기게 되고 이 현상은 지속되었다. 우주가 계속 팽창함에 따라 이 구조는 그것과 함께 더 성장하였다. 구조의 진화는 빅뱅시기에 한 때 상당히 스무스한 플라즈마에서 우주의 아주 작은 불균질성의 부분에서부터 많은 다양한 응축된 상태들로 바리온들을 재분배 시켰다.

13.3 우주 배경복사(CMB)

우주 배경복사는 이제는 단순한 이론 이상이다. **복사선과 물질이 분리되었을 시기에 큰 규모구조의 씨앗들이 거기에 존재하였으며, 이 씨앗들이 갑자기 자유로워진 광자들의 경로에 영향을 주었다. 우리는 오늘날 여전히 이 광자들을 전 하늘을 온통 덮고 있는 초단파의 균일한 배경으로서 볼 수 있다. 이 우주 배경복사는 빅뱅이론에서 예견되었다.** 그리고 1955년 Arno Penzias, Robert Wilson에 의하여 발견되었다. 1992년에 우주 배경 탐사(Comic Background Explorer(COBE) 위성이 만든 관측들은 CMB에서 요동들을 발견하였다. 이 요동은 그 자체들을 매우 미세한 양(0.00003K)으로 차이가 나는 뜨거운 반점과 차가운 반점들을 드러내주었고 전 하늘의 1/4의 크기에서부터 당신이 팔을 쭉 뻗었을 때의 길이와 동일한 지역까지의 범위에 달한다. 이 요동들은 초기 우주에서 물질의 분포의 불균질성의 증거이다. 즉 오늘날 우리가 보는 큰 규모의 구조들의 씨앗들이다. COBE의 발견 이후로 많은 고 해상력의 관측들이 우주배경복사의 관측을 확증해주었고 예리하게 해주었다. 그러나 여태까지 가장 성공적인 것은 단원 8에서 짧게 언급하였던 WMAP이다.

우주학자 David Wilkinson의 이름의 따서, Wilkinson Microwave Anisotropy Probe(WMAP)는 2001년 6월에 진수되었고, 태양의 반대편으로 지구로부터 150만km 떨어진 우주 공간에 놓여졌다. 태양, 지구 그리고 달이 보호가리개로 시야로부터 언제나 가리개 하고서, 유리한 지점에 놓인 WMAP은 CMB의 놀라울

▌그림 13.1 그것 모두가 어디에서 시작하였을까? 우주 초단파 배경복사의 이 상들은 – 우주에서 여태까지 얻어진 가장 오래된 빛의 가장 정교하며 가장 세밀한 전체 하늘의 지도 – 윌킨슨 초단파 이방성 탐사선(WMAP)을 사용하여 얻어진 것이다. 이 지도에서 포착된 초단파 복사는 빅뱅 후 약 380,000년(130억년이상의 전)에 나온 것이다. 자료는 오늘날 우주가 보는 우주 구조를 만들어낸 씨들을 고해상도로 보여주고 있다. 이 패턴들은 지금은 우주를 전체를 적시고 있으며, 평균적으로 절대영도에서 단지 2.73도 위에 있는 놀랍도록 균등하게 퍼져있는 우주 초단파 배경복사에서 매우 작은 온도 차이를 보여주고 있다. WMAP은 단지 수백만의 일도 정도로 변화하는 작은 온도 요동들을 해상해내고 있다. (NASA 호의)

정도로 가장 정확한 지도를 생산해내었다. 0.00002k의 온도 차이는 0.3의 해상력 - 팔이 닿는 거리에 둔 새끼손가락의 넓이보다도 작다 - 으로 상세히 묘사되었다.

WMAP은 한 가지 주된 목적을 가지고 있었다; 즉 우주의 빅뱅모델의 자유 변수들을 분명히 하는 것이었다. 이 모델은 오늘날 우리가 보고 있는 것들에 대해 잘 설명해주고 있지만, 우리가 보았듯이 변수가 변할 많은 여유 공간이 있다. 그 유일한 방법은 빅뱅으로부터 나온 대초의 빛 - CMB - 의 관측에 의해서 우주가 어떻게 펼쳐졌는지 결정하는 것이다. 여러 다른 각도 규모들에서 온도가 변화하는 방식을 연구함으로서, 우주학자들은 WMAP가 관측한 것이 우주 변수들과 잘 일치하는지를 결정하기 위해 여러 기본 우주 변수들을 검증할 수 있다.

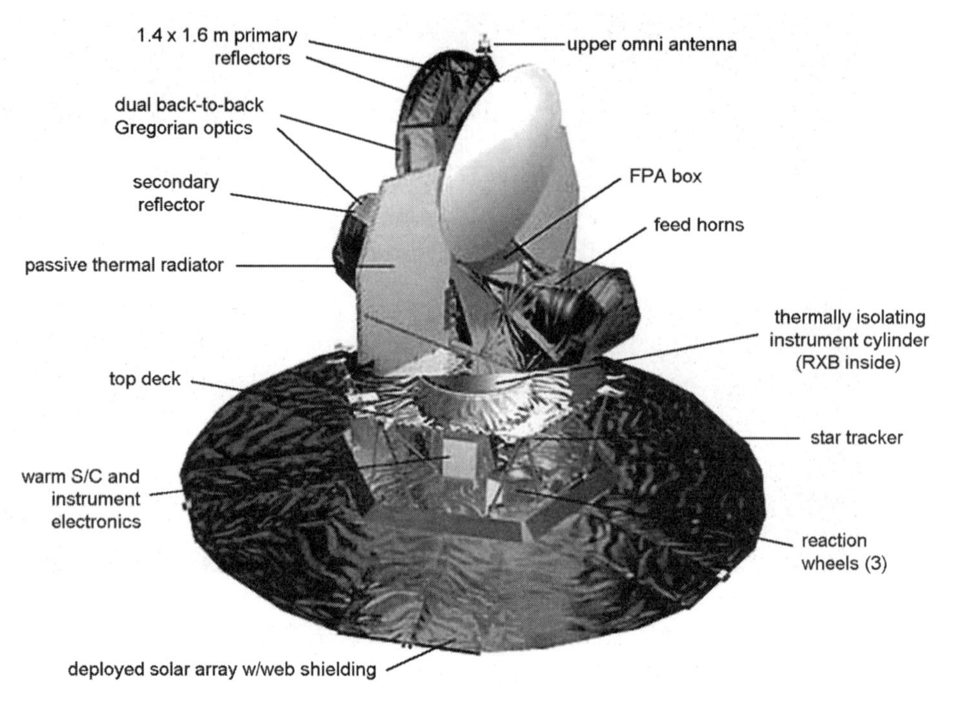

▌그림 13.2 Wilkinson 초단파 이방성 탐사선. (NASA 호의)

(마지막 단원에서 WMAP가 우주에 관하여 우리에게 말해주는 것을 좀 더 상세히 논할 것이다)

은하들과 은하단들은 바리온 물질로 만들어져 있고, 이 물질은 더 높은 밀도를 가진 지역으로 이끌려 졌었다. 바리온 물질은 공급되는 물량이 부족하기 때문에, 우주의 일생 동안에 오늘날 우리가 보는 구조들로 진화하기에 충분히 빠르게 축척되도록 주위에 바리온 물질이 충분하지 못하였다. 그것은 도와주는 손길이 필요하였다: 즉 암흑물질이 여기에 딱 적합하다. **암흑물질은 복사선에 영향을 받지 않는다** - 그래서 그것은 완전히 어둡다. 그러나 중력에 의하여 영향을 받는다. 암흑물질은 초기 우주의 강렬한 복사선에 방해를 받지 않고 좀 더 밀도가 높은 지역주위에 있는 어떤 밀도 요동으로 쉽게 모였을 것이다. 거기에서 그것은 축척된 바리온 물질에 그것의 중량을 더하게 되고, 언젠가 은하들, 별들 그리고 우리로 진화할 물질들을 더 많이 끌어 모으게 도와주었다.

13.4 HDM 혹은 CDM?

그러나 암흑물질은 어떤 종류의 것일까? HDM인가 CDM인가? 그것은 어떤 차이점을 만들 것인가? **우주에서 작은 규모의 관측들과 시뮬레이션은 HDM인 것 같은 힌트를 주었고, 반면에 더 큰 구조는 CDM을 선호한다.** 그때와 지금사이에 일어났었던 것을 발견하기 위하여, 우주학자들은 가상 우주들의 진화를 시뮬레이션하기 위하여 컴퓨터를 사용하여 초기 우주에서 HDM과 CDM의 영향에 대하여 실험하였다. 그들은 HDM, CDM, 바리온 물질 등등의 여러 가지 양들을 입력힌 후, 'Play' 단추를 누르고, 가민히 앉아시 모니터를 주시하였다. 오늘날 실제로 우리가 보고 있는 것과 닮은 어떤 것으로 가상 우주가 진화하는지 어떤지에 따라, 그 특별한 혼합이 입증되는 것이다. 이 시뮬레이션들의 결과로서, 만일 우주가 HDM이 우위에 있던지 혹은 CDM이 우위에 있던지에 따라서, 우주가 어떻게 보일 것인지에 대하여 우주의 밀도 요동 이론으로부터 다른 예견들이 있다.

요소들을 결정하는 가장 중요한 것들 중에 하나는 우주에서 구조가 진화했던 순서이다. 그것이 정점에서 아래(top-down)인가? 아니면 바닥에서 위(bottom-up)로 인가? 정점에서 아래는 가장 큰 구조가 먼저 형성된 후 더 작은 규모의 구조들이 그것들로부터 떨어져 나왔다. 반면에 바닥에서 위로의 순서는 그 반대이다. 즉 가장 작은 구조들이 먼저 형성된 후 누적되면서 더 큰 규모 들을 형성하였다는 것이다.

만일 우주가 HDM 우위였다면, 그것은 정점에서 아래의 시나리오이다. 그 이유는 HDM이 너무 빨리 움직여서 그것은 바리온 물질의 작은 섬들에 의하여 묶이는 것보다 우주 주위로 그 자신을 퍼지게 하는 경향이 있다. 이것은 현 우주의 관측들과 잘 맞아 떨어진다. 우주가 구조를 가지고 있지만, 큰 규모에서는 당신이 보는 모든 곳과 거의 동일하다; 즉 스무스하다. 지구의 표면에 대해 생각하는 것과 유사하다. 지구는 거대한 산과 깊은 대양을 갖고 있지만, 이 불균질성은 지구의 크기와 비교해서 상당히 작다. 이것이 현재의 모습이다. 그러나 과거로 돌아가면 모든 것이 달라진다. 그러나 **COBE와 WMAP에 의한 관측들은 작은 구조들이 우주의 역사에서 후에 만들어진 것이 아니라 매우 초기에 만들어졌음을 보여주고 있다. 초기의 우주에서는 HDM입자들이 너무 빠르게 멀리 움직이기**

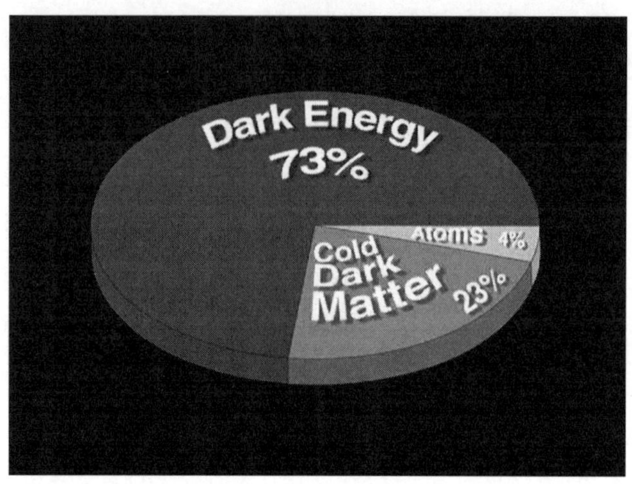

그림 13.3 우주는 무엇으로 구성되어 있는가? 암흑물질이 우주의 태반의 구성성분이라는 수십 년의 탐사 후에, 이제 우리는 어떤 종류의 물질이 우주의 지배적인 성분이 아니라는 사실을 정착시켜야 할지 모른다. (NASA 호의)

때문에, 그것들이 누적되면서 COBE와 WMAP에 의하여 측정된 크기의 덩어리를 형성하지 못한다. 이 딜레마에서 벗어나는 한 가지 가능한 방법이 있다. 그것은 우주 끈들 같은 '위상 결함들(topological defects)'이 구조 형성에 중요한 역할을 한다면 가능하다. 그러나 이것은 탐지될 수 없다는 것이 문제다.

반면에 CDM은 훨씬 더 좋은 매질을 제공해준다. 그것 안에서 이 불균질성들은 (inhomogeneities) 적절하게 발전하여 완전히 자란 큰 규모 구조가 되었다. 그것들은 우주가 바닥-위로 진화하도록 허용하였다. 정의에 의하여 CDM은 HDM **입자와 비교해서 천천히 움직인다. 구조가 형성되기 시작한 사이에 바리온 물질에 의하여 만들어진 중력 웅덩이들에 빠져들어 붙잡힐 만큼 충분히 천천히 움직였다. 그러므로 더 작은 규모들이 먼저 형성 되었고, 그리고 천천히 누적되어 더 큰 규모를 이루었다. 이 시나리오는 우주 초단파 배경복사의 관측들과 일치한다.** 현재, 이론은 HDM 우위의 우주를 선호하지 않는 것 같다; 그러나 이 이론들이 예견하려고하는 전이(transitions)들 만큼 급속하게 그것들이 변하고 있다는 것이 이해되어져야한다. 그래서 얼마 되지 않는 시기에 누군가가 HDM인지 혹은 CDM인지를 절대적 확신을 가지고 말해 줄 것이다. 그럼에도 불구하고, **WMAP의 결과들은 CDM이 가장 크게 기여하고 있음을 제시하고 있다.**

그래서 이것이 이 이야기의 끝인가? 암흑물질의 문제는 마침내 해결 되었는가? 그렇지 않다. 우리는 이제야 암흑물질이 어디에 있으며, 그것이 무엇인지 알게 되었다고 생각하는 것이 합리적인 것 같다. **임계 밀도로 표현해서 우주는 4%의 바리온 물질과 23%의 CDM을 가지고 있다. 그리고 아직도 과학자들은 임계 밀도를 가지고 우주에 여전히 집착하고 있다. 그러나 만일 우리가 그와 같은 우주에 살고 있다면, 나머지 73%는 무엇으로 구성되어 있는가?** 우주의 대부분의 무엇으로 이루어져 있는가? 이것이 우리 이야기의 다음 단원이며 마지막 단원의 주제이다.

CHAPTER

14 오메가를 향하여

공동 저자 : Charley H. Lineweaver

14.1 선호되는 임계밀도

단원 8에서, 우주의 임계밀도 - 물질로만 우주를 지배한다고 하면, 무한히 먼 미래의 어떤 시간에 우주의 팽창을 멈추게 하는데 필요한 물질의 양 - 에 대한 아이디어를 소개하였다. 바리온 물질은 우주의 전체 중력 질량의 작은 비율만 차지하고 있고, 심지어 비-바리온 암흑물질을 더하더라도 우주는 여전히 임계밀도에서 부족하다. 오랫동안 많은 이들이 - 언제나 과학적인 이유에서가 아니라 - 그것은 그리할 것이라고 믿어왔었다. 임계밀도는 모든 부류의 과학자들이 자연으로부터 기대해왔었던 아름다운 대칭의 예이다: 꽃들과 눈송이들, DNA분자와 나선 은하들이 그런 우아한 대칭적 방식으로 형성된다면, 왜 전체 우주도 그리 되지 않겠는가? 우주는 임계밀도를 가질 것이라고 예상하는 것은 자연스럽다 더구나 빅뱅의 인기 있는 비전 - 인플레이션 - 은 단순한 이유로 임계밀도 우주를 예견하고 있다; 즉 만일 초기 우주가 인플레이션시기에 임계밀도와 다른 어떤 밀도를 가졌다면 - 조금 더 높았던지 혹은 낮았던지 - 그러면 그 차이는 현재까지 엄청나게 증폭되었을 것이다. Ω_m과 Ω_{grav}는 합쳐서 0.27에 달하고 이것은 (다른 대체물들을 고려하면) 1에 매우 근접하기 때문에 많은 이들이 우주는 실제로 임계밀도를 가지고 있다고 믿고 있다. 확실히 우주의 나머지 부분을 찾는다는 것은 상당히 어려운 관측의 문제였다; 그러나 우리가 보았듯이, 천문학자들은 오랫동안 찾고 있었고 그리고 아무것도 발견하지 못하였다. 우주는 언젠가 자체 중력으로 인하여 팽창을 멈출 것인가? 이 질문은 답해졌었다. 우주는 그런 것을 할 만큼 충분한 물질을 어느 곳에서도 갖고 있지 못하다. 물질은 우리에게 중요할지 모른다. 그러나 그것들이 우주에서 지배적인 힘이 될 것이라고 기대하였던 것들이 실망을 주었다. 우주는 영원히 계속해서 팽창하고 있다.

14.2 가속되는 우주: 암흑 에너지

모든 이들이 우주는 계속해서 팽창하고 있을 것이라는 것을 받아들이자마자 우주팽창의 비(rate)가 증가하고 있다는 증거가 나왔다. 그 뉴스는 초신성들 - (단원3에서 논의 하였듯이) 무거운 별들의 일생의 마지막을 장식하는 폭발들 - 의 관측들의 형태로 나왔다. 초신성들은 오랫동안 표준촛불로 사용되어 왔었다. 수많은 이 표준 촛불들 - 알려진 타입과 크기의 은하에서 예견되는 패턴에 따라 밝기가 변화하는 별들 - 을 전 우주에 걸쳐서 여러 거리에서 볼 수 있다. 그러나 그 각각은 너무 희미해서 우주공간이라는 대양을 지나서, 보는 것과 입증하는 것은 너무 힘들다. 초신성이 폭발할 때, 그것들은 전 은하의 밝기만큼 1억 개의 별들이 빛을 내는 정도로 밝게 빛난다. 그런데 이 장관은 오랫동안 지속되지 않는다. 몇 일 이내에 그것들은 점차 희미해지기 시작하여, 수주 후에 가장 가까이 있는 것을 제외하고는 모든 초신성이 시야에게 희미해진다. 그러나 그것들이 빛나는 동안에 그것들은 다른 것들 중에서도 그것들이 얼마나 멀리 떨어져 있는지를 나타내주는 횃불들이다. 초신성들은 여러 다른 특징들이 있다. 그것들 각각은 그것이 시간에 따라 어떻게 밝아지고 희미해져 가는가 그리고 그 자체의 진짜 최대 밝기로 구별되어진다. 멀리 있는 은하에 있는 초신성의 행동양상을 모니터함으로써, 천문학자들은 그것이 무슨 타입이며 그리고 만일 그것이 가까이 있다면 그것이 얼마나 밝게 보일 것인지 결정할 수 있다; 그리고 초신성의 겉보기 밝기와 절대 밝기를 비교해봄으로서, 그것의 거리와 다시 말해 주인 은하 거리를 결정할 수 있다. 이 정보는 적색편이와 결합되어질 수 있다. 단원 7에서 논의 하였던 것과 같이, 천문학적 거리로 떨어져 있는 물체들의 스펙트럼에서 적색편이의 양은 그 물체가 그것이 있는 우주공간의 지역에서 얼마나 빨리 후퇴하는가를 나타내주고 있다.

여러 거리에 있는 물체들의 후퇴속도들을 비교해봄으로서, 우주가 얼마나 빨리 팽창하고 있는지 그리고 그 팽창이 시간과 함께 변하고 있는지 어떤지를 결정할 수 있다. 우주가 영원히 팽창하는 것을 중지시킬 만큼 충분한 중력이 있지 못할지도 모르지만, 물질이 존재한다는 바로 그 사실이, 중력이 팽창에 대항하여 적어도 싸우고 있는 중이라는 것을 의미하고 있다. 우주는 영원히 팽창할 지도 모른다. 그러나 우주는 좀 천천히 감속되어져야할 것이다.

1997년 그해 4월에 Cerro Jololo Inter-American 천문대에서 관측한 결과들이 천문학 공동체에 발표되었다. 켈리포니아의 로렌스 버클리 연구소의 Saul Perlmutter가 이끄는 천문학자들 팀은 빅뱅으로부터 지금까지의 반 정도 되는 시기에 해당하는, 지구로부터 약 50억 광년 정도 떨어진 가장 먼 초신성의 스펙트럼을 연구하였다. 그들의 발표 뒤 얼마 되지 않아 Stromlo 산 Siding Spring 천문대에서 Brian Schmidt와 그의 동료에 의한 작업의 결과들이 발표되었다. 이들도 초신성 연구로 동일한 결론에 도달하였다. 즉 감속되기 보다는 오히려 우주의 팽창비율이 증가하고 있는 중이라는 것이었다. 이것은 팽창이 '암흑에너지(dark energy)' 라는 어떤 알려지지 않은 형태에 의하여 추진되고 있다는 것을 가리킨다. 이 암흑에너지는 Ω_Λ '우수상수' 라는 이름이 지어져 있다. 아인슈타인 자신은 일반상대성의 원래 버전에는 그런 우주상수를 원래 포함시키지 않았다. 그의 이론은 팽창하는 우주나 혹은 수축하는 우주던 어느 쪽 이던지 예견하였음에도 불구하고, 1929년 이전까지는 전 우주가 은하수만으로 구성되고, 은하수가 팽창하는지 혹은 수축하는지 아무런 증거가 없었다. 그러므로 그는 그 이론에 정적인(Static) 우주를 예견 하도록 강요하는 항을 첨가시켰다. 잘 알려져 있는 것과 같이, 아인슈타인이 우주의 팽창에 관한 Hubble의 발견을 마침내 알게 되었을 때, 그는 그것을 그의 일생의 최대 실수라고 언급하면서 그 우주상수를 철회하였다. 그런데 지금 우주상수는 되돌아왔다 - 그리고 그것을 지지하는 강력한 관측의 증거를 가지고서 힘 있게 되돌아왔다.

14.3 우주상수는 무엇인가?

그러나 우주상수는 무엇과 같은 것인가? 무엇이 우주공간을 빠르게 팽창하게 끔 만들 수 있는가? 중력의 안으로 당기는 인력에 저항할 뿐만 아니라 그것을 압도하기까지 하는가? 우주상수에 대한 만족스러운 이론적 설명이 아직까지 제의되지 않았지만, 선도적으로 이끄는 모델은 그것이 공간의 진공 에너지라는 것이다. 이 이론이 그렇게 흥미를 끄는 이유들 중에 하나는 그것이 일반 상대성과 입자 물리학이 함께 만나는, 물리학에서 몇 안되는 영역 중에 하나라는 것이다.

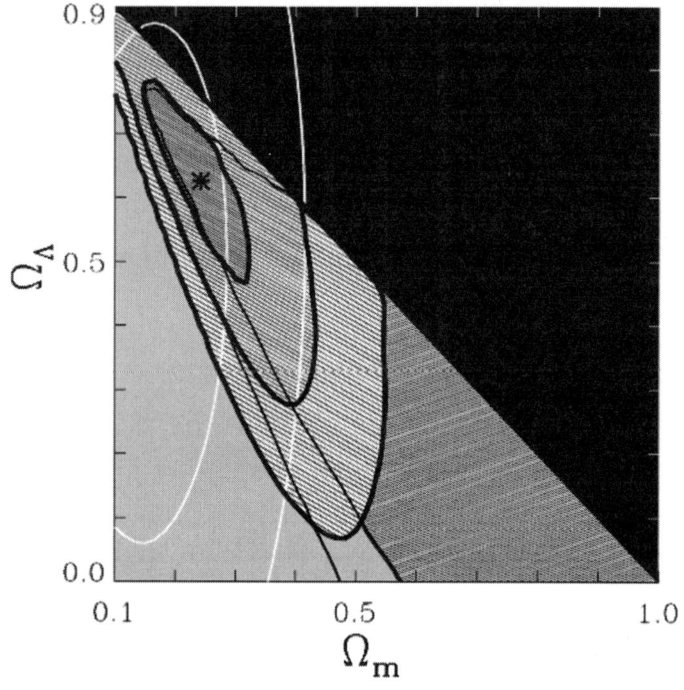

그림 14.1 오차 막대와 함께 최초로 관측에 기반을 둔 Ω_Λ(0.620.16)과 Ω_m(0.240.16)의 결정. Ω_Λ와 Ω_m의 현재 최상의 값은 오차 막대 내에 있다. 굵은 검은 선들은 CMB의 비-CMB의 협력된 제한들의 확률로부터 나온 68.3%, 95.4% 그리고 99.7%의 윤곽선을 나타내고 있다. 비-CMB 관측으로부터 나온 68.3%와 95.4%의 신뢰도는 하얀 선으로 나타나있고, CMB 관측으로부터 나온 68.3%와 95.4%의 신뢰도는 가는 검은 선으로 나타나있다. (Astrophysical journal, 505, L69–L73(1998))

우수상수는 고전 이론인 일반 상대성 이론(그것은 그 안에 양자역학을 가지고 있지 않다) 안에 있는 진공의 에너지 밀도이다. 적어도 이것이 우주상수에 대한 표준해석인 것 같다; 그러나 입자 물리학자들이 진공 에너지에 대하여 알고 있는 것으로부터, 그들은 여태까지 그 뒤에 있는 메커니즘을 설명할 수가 없었었다.

14.4 진공에너지는 무엇인가?

정확히 진공에너지는 무엇인가? 어떻게 모든 것을 분리되도록 몰아 갈 수 있는 게 아무것도 없을까? 만일 모든 공기들이 종 모양의 실험용 가스용기(bell jar)로부터 추출된다면, 훨씬 더 높은 진공이 있을 수 있지만 그것은 공간에서 진공과 같을 것이다. 어떤 경우이던지, 그것은 거기에 아무것도 없는 것처럼 취급 되어야 한다. 그러나 그 아무것도 없는 것 안에 - 그 진공 안에 - 'Casimir 효과'라고 불리는 현상에 의하여 간접적으로 측정될 수 있는 가상 입자들의 격렬히 움직이는 거품이 있다.

Casimir 효과는 다음과 같은 실험을 제의한 네덜란드 물리학자 Hendrik Casimir 이름을 따서 명명 되었다: 즉 진공에 두 금속판을 아주 가까이 근접하여 위치시키는 것이다. 가상 입자들의 쌍들은 그 판 사이뿐만 아니라 판 양쪽 바깥 면에서도 나타났다 혹은 사라졌다 계속하고 있을 것이다. 가상 입자들은 소위 Schrodinger파장의 전 범위 - 어떤 것은 길고, 어떤 것은 짧고 - 에서 나타날 것이다. 그 금속판들을 점점 더 가까이 가져 갈수록 두 금속판 사이의 거리보다 더 긴 파장은 결국에는 단절되어 버릴 것이다. 그 결과 판 밖에서보다 판 사이의 공간에서 더 적은 가상입자들 쌍들이 존재하게 될 것이다. 두 판 사이의 진공 압력은 결론적으로 판 밖의 압력보다 낮을 것이다. 그래서 그 판은 안쪽으로 서로 밀릴 것이다. 이 힘은 매우 작지만, 그것(진공에너지)은 축정 되어질 수 있다. 그것은 양자 효과이다. 그것은 중력이나 정전기력이나 그 외 어느 것과도 상관이 없다. 그래서 그것은 이 가상 그리고 진공에너지의 존재를 입증하였다.

공간의 진공이 우주를 날려 버리고 있는 음의 에너지(반중력)를 가지고 있을지라도, 우주가 이렇게 거대한 크기인 때에도 그것이 어떻게 계속 그렇게 할 수 있는가? 그 답은 진공 에너지가 우주의 팽창에 의하여 희석되지 않는다는 사실에 놓여 있다. 반대로, 정상 물질은 우주의 팽창과 함께 희석 되고 있다: 즉 은하들, 은하단들 그리고 방대한 양의 암흑 물질 모두가 계속 증가하는 부피들에 중력의 영향을 주어야 한다. 그러면서 그것들의 힘들이 빼앗겨 진다. 그러나 진공의 구조는 공간이 팽창에 의해서 약해 지지 않는다. 아무리 공간이 커질 지라도, 진공에너지 밀도는 똑같게 유지된다. 더구나 공간이 더 많아지면, 진공은 더 많아진다. 그래서 전체 진공에너지는 증가한다.

14.5 우주 변수들

이제 우리는 3개의 우주 변수들을 확고히 정립해야 하는 문제에 직면해 있다: 즉 Ω_b 정상바리온 물질, Ω_{cdm} 차거운 암흑물질 그리고 이제 새로운 것 $\Omega_\wedge$ 우주상수이다. 우리가 보았듯이, 이 3 변수들의 받아드려지는 값들은 더 새롭고, 더 정확한 관측들이 입수될 때마다 변해왔었다. 몇 년 전에 조사는 다음의 인기 있는 숫자들을 제시 하였다: 즉 10%가 물질의 양이 임계밀도의 양과 동일하고 우주상수는 없다 즉 $\Omega_m = 1$는 Einstein-de Sitter모델을 지지하고, 30%가 $\Omega_m = 0.2 \sim 0.3$이고 $\Omega_\wedge = 0$인 열린 우주를 지지하고, 아마도 60%가 $\Omega_m = 0.2 \sim 0.3$, $\Omega_\wedge = 0.7$인 것을 지지한다고 조사되었다. Ω_m이 임계밀도와 같다는 맨 처음의 모델은 오직 소수에 의해서 지지되고 거의 사장 되었다. 이것은 두 개의 가능성만을 남겨둔다: 즉 하나는 우주가 물질을 갖고 있지만 그렇게 많지 않다는 것이다(이 모델이 첫 번째 것보다 더 나은 것은 아니다) 그리고 나머지 하나는 가장 최근의 경쟁자로 임계밀도가 27%이고, 우주상수가 73%로 구성되어있다고 제시하는 모델이다.

14.6 제약을 받는 Ω_{b}, Ω_{m} 그리고 Ω_{Λ}

우주 상수에 대한 증거는 여러 다양한 소스로부터 나왔다. 그러나 가장 강력한 지지는 이들 소스로부터 나온 여러 제약을 비교해봄으로서 나왔다. 독립적인 제약이 여기서는 중요하다. 관측이 얼마나 잘 되던 간에 혹은 그 결과들에 대한 이론적 고찰이 얼마나 심원하든 간에, 그것들을 설명해줄 수 있는 가능성들의 범위는 언제든지 있다. 그리고 이것들 각각이 올바를 수도 있는 가능성도 있다. 예로서 만일 밤하늘에서 유성의 궤적을 보게 된다면, 당신이 서 있는 위치에서 그것의 코스를 그릴 수 있을 것이고 그것이 어디에 떨어질지 개략적 예견을 할 수 있을 것이다. 그러나 겉보기 밝기, 속도, 안 알려진 고도 등등과 같은 그런 요소들 모두가 유성이 실제로 떨어질 곳의 가능성의 범위에 영향을 주게 된다. 최대한으로 당신이 말할 수 있는 모든 것은 그것이 어떤 주어진 지역 내 어떤 곳에 떨어질 것이라는 것 뿐이다; 즉 어떤 지리적 한계 내에서 말이다. 이 한계들이 제약(constraint)들이다. 예견되었던 떨어질 지역의 중심으로 점점 더 가까이 갈수록, 당신이 '떨어진 유성'을 발견할 확신이 더 크지지만, 그러나 거기에서 그것을 발견될 것이라는 보장은 여전히 없다. 이 딜레마에서 벗어나는 한 가지 방법은 당신의 예견을 그 유성이 떨어지는 것을 보았던 친구의 예견과 비교해 보는 것이다. 그러나 그 친구는 당신의 뒤뜰에서 수 km정도만 떨어져 있어야 한다. 이제 당신은 비교해 볼 수 있는 두 세트의 제약을 가지게 된다. 그리고 그것들이 중복되는 지역이 유성들을 발견할 가능성이 더 높다. 3 번째 세트를 더한다면 당신의 확신은 더 증가할 것이다. 4 번째 세트를 더하면.... 여기서 지적하여야 할 점은 과학이 결코 어떤 것도 증명할 수 없었다는 것을 고려하여야 한다. 그러나 우리는 시간낭비 없이 여기에서 움직여 유성을 찾으러 나서는 것에 충분히 자신감이 있다.

1990년대에 이와 동일한 접근이 우주 상수의 값을 찾으려는 탐색에서 그 당시 New South Wales 대학에 있던 Charley Lineweaver에 의하여 채택되었다. Lineweaver는 우주 초단파 배경복사, 멀리 떨어진 초신성 그리고 은하단의 질량-광도 비(rate)등의 연구를 포함하는 다양한 소스들로부터 나온 제약들을 서로 비교해 본 최초의 사람이다. 이 모든 비교로부터, 그는 모든 관측자들이 동의하는 경향이 있는 $\Omega_{\wedge}$의 값에 제약을 주었다. 그리고 $\Omega_m = 0.24$와 $\Omega_{\wedge} = 0.62$의 값을 유도하였다.

가장 최근에, 좀 더 정확한 결과들이 WMAP으로부터 나왔다. Lineweaver의 결과들이 발표된 1998년과 WMAP의 결과가 나온 2002년 사이에 $\Omega_{\wedge}$와 Ω_m 그리고 허블상수에 대한 제약이 점차적으로 더 개선되었다. 그러나 CMB의 상세한 고-해상과 고-민감 지도를 생산함에 의해서, WMAP은 우주학자들에게 훨씬 더 정제된 이들 숫자들을 (어떤 경우에는 2정도의 요소만큼 에러막대를 줄이면서) 제공하였다. CMB에 대한 이 조사와 다른 조사들의 결과들은 우주에 대한 우리의 이해에 매우 중요하기 때문에, 그 데이터들이 어떻게 해석되었는지를 살펴볼 짧은 시간을 내는 것은 가치 있는 일이다.

CDM의 분포에서 불균질성들(inhomogeneities)은 빅뱅 후 약 10,000년 때에 물질 밀도가 복사선 밀도를 초과한 후에 정착되었다는 것을 기억하라. 그 후 380,000년에, 복사선과 물질은 '탈연동(decoupling)'되어 그들 각자의 길을 가서, 그 복사선은 우주를 통과하여 CMB 형태로 오늘날 우리에게 도착하였다. CMB의 상대적 강도는 탈연동되는 시기의 우주의 구조에 관하여 우리에게 말해줄 많은 것을 가지고 있다. 그 상황은 구름들을 통과하면서 분산된 햇빛과 유사하다; 즉 우리가 광선으로 보고 있는 것은 구름들의 가장 가까운 표면, 즉 마지막으로 분산된 표면으로부터 우리에게 온 것이다. 더 큰 물질의 양을 가진 지역들은 더 큰 중력들을 가질 것이며, 그래서 그것들로부터 떠나는 광자들을 더 크게 당길 것이다. 이것은 그것들을 평균보다 더 희미하거나 차갑게 보이게 할 것이다. 그러므로 큰 규모들에서 CMB 변이에 대한 연구는 탈연동된 시기에 암흑물질의 분포를 제공해 준다.

더 작은 규모에서는, 변이들이 빅뱅동안에 만들어진 중력의 요동들에 의하여 유발된 음파들에 의하여 야기된다. 초기 우주를 통과하면서 여행한 그것들은 물질의 밀도가 높은 지역과 드문 지역으로 야기 시켰다; 즉 물질의 밀도가 더 높은 지역은 더 많은 광자들이 있었다. 그러므로 CMB에서의 요동들은 광자들이 탈연동되기 전에 얼마나 멀리 여행 하였는지를 드러내주고 있다. 우리가 보고 있는 요동들은 빅뱅 후 380,000년 시기에서부터 온 것이기 때문에, 그것은 가스에 대한 음파의 효과가 한 장소 속으로 얼어버리기 전에 우주를 통과하여 음파가 얼마나 길게 여행하였는지를 보여주고 있다. 이와 같이 그것들이 여행거리 - '음파 지평선' - 는 초기 우주에서 기본 거리 스케일을 제공해준다. 더구나 그것들은 액체의 수소를 통과하여 여행하기 때문에, 그것들에 대한 연구는 양성자들과 전자들(이 두 입자는 수소원자를 구성한다)의 상대적인 밀도를 제공해준다. 밀도가 변하는 것은 초기 우주를 통과하여 여행하였던 음파가 가진 속도에 변화를 준다. 이것은 또한 CMB의 요동들을 나타내는 것이다.

14.7 이것이 그것일수 있을까?

이것이 그것인가? 암흑물질의 수수께끼는 마침내 풀렸는가? 이 질문이나 혹은 우리 우주에 관한 또 다른 노선의 탐구에 대한 유사한 질문에 'yes'라고 대답하는 것은 어리석은 짓이다. 그리고 암흑 에너지의 특성을 우리가 알아냈다고 말하는 것은 확실히 너무나 이르다. 이것은 천문학자들의 방법들이 잘못되었다거나 혹은 그들의 논리에 결함이 있다는 것이 아니다; 그 이유는 단순히 우주가 너무나 거대하고 복잡하며 오래된 장소이고, 우리가 극히 짧은 기간 동안 우주를 연구했기 때문이다. 심지어 이 책이 출판되는 시기까지도, WMAP에서 나온 더 정제된 숫자들이 나타날 것 같다. 그러나 이것들이 여기에 인용된 숫자들과 그렇게 많이 다를 것 같지는 않다. 우리는 실제로 정밀 우주학 시대로 들어온 것이다.

우리가 여대끼지 우주에 대해서 알았던 만큼 그 정도로 더 연구해야 한다고 생각하는 것이 합리적이다. 우리가 수수께끼의 큰 조각들 중에 마지막 것을 발견할 것에 가까워 졌다고 어떤 이들은 느끼겠지만, 진실은 천문학과 우주학은 멋진 여행의 한 부분 - 우리가 한 부분으로 있는 점차 더 복잡한 우주의 탐색 - 이라는 것이다. 때때로 우리가 그것 전부를 이해하는 것으로부터 좀 떨어진 곳에 있는 것 같다. 우주에서 암흑물질의 양과 특성에 대한 확증은 그런 거대한 진일보의 한 예이다. 그러나 암흑물질의 80년이나 오래된 수수께끼는 이제 훨씬 더 큰 수수께끼와 연합하게 되었다: 즉 암흑에너지의 특성이다. 경험에 의하면 우주의 특성에 대한 우리의 이해에 대해서 우리가 아무리 확신을 가질지라도, 때때로 예기치 않은 어떤 것이 어둠속에서 나와 언제나 우리를 놀라게 한다는 것을 우리에게 상기 시켜준다.

찾아보기

숫자

A

B

C

D

E

F

G

H

I

J

K

L

M

N

O

P

Q

R

S

T

U

V

W

X

Z

ㄱ

ㄴ

ㄷ

ㅇ

ㅈ

ㅊ

ㅋ

ㅌ

ㅍ

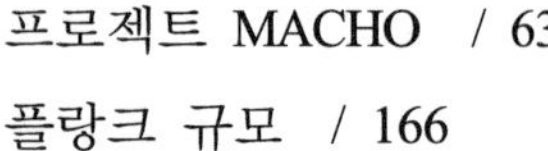

ㅎ

암흑물질

2014년 4월 10일 1판 1쇄 인쇄
2014년 4월 20일 1판 1쇄 발행

원자명 Ken Freeman & Geoff McNamara
역자명 민 건
발행인 연 규 산
발행처 청범출판사
등 록 1991년 8월 13일 No. 5-282
주 소 서울시 노원구 공릉 1동 598-7
TEL : 971-5385
FAX : 977-8967
ISBN 978-89-88247-75-4 03440

가격 12,000원